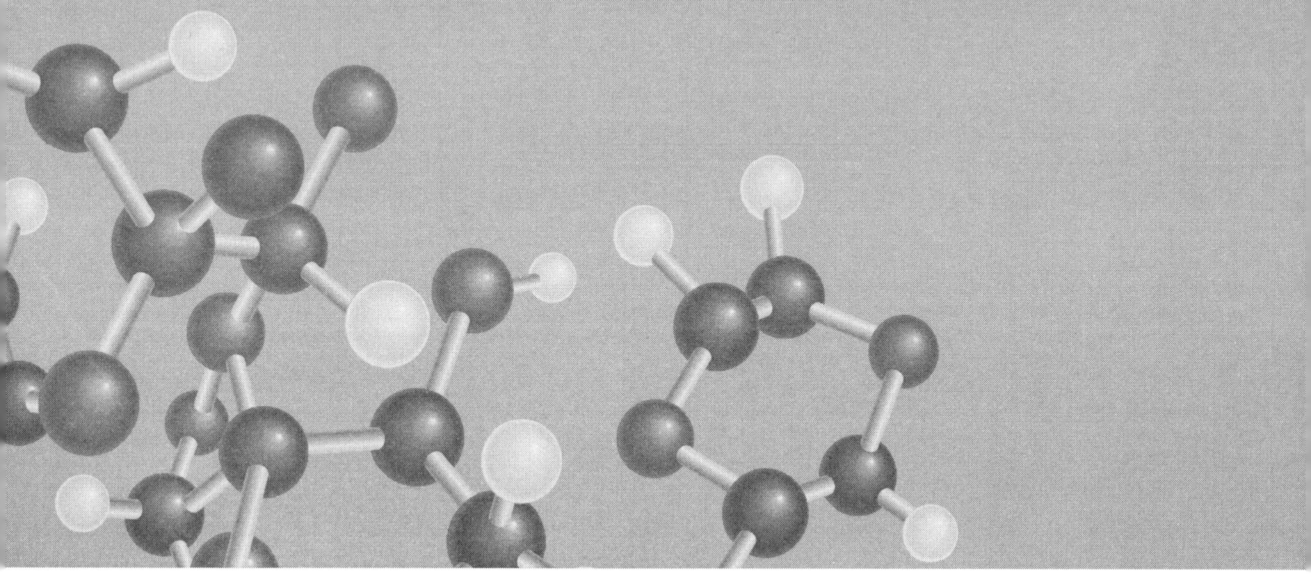

범용 고분자부터 엔지니어링 플라스틱까지
한 권으로 끝내는 고분자 공학 입문서

생활 속의 고분자

윤진산 · 진인주 · 권용구 지음

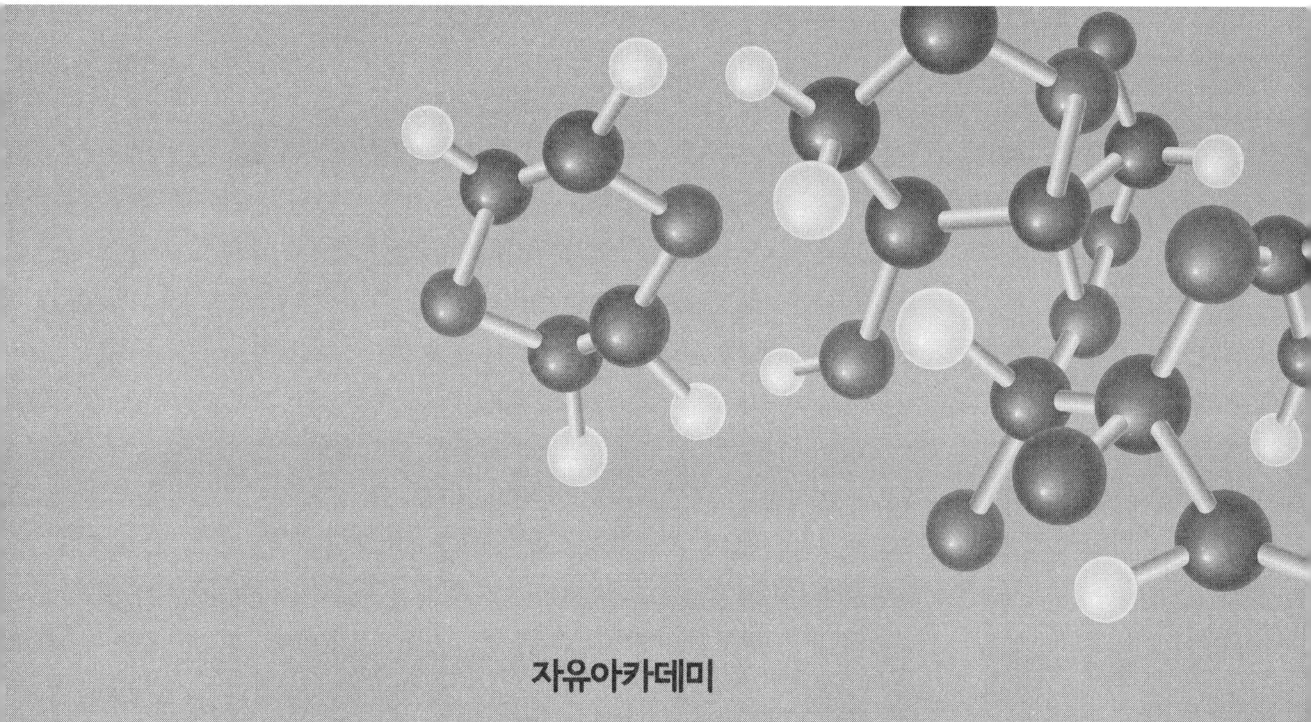

자유아카데미

머리말

오늘날 우리는 인공지능(AI), 바이오기술(BT), 에너지 전환(ET), 지속가능성(ST) 등 다양한 분야에서 빠른 기술 진보를 경험하고 있으며, 이러한 변화의 중심에서 고분자공학은 더 이상 단순한 재료과학의 한 분야가 아니라, 미래 사회의 지속가능한 성장을 위한 핵심 기술 기반으로 자리매김하고 있다.

고분자 재료는 이미 우리 생활 곳곳에 깊숙이 들어와 있으며, 그 역할은 점점 더 확장되고 있다. 전기차 배터리, 연료전지, 태양전지와 같은 에너지 저장 및 변환 시스템, 생체 적합성 소재를 이용한 스마트 헬스케어 및 정밀 의료기기, 유연전자소자와 웨어러블 디바이스, 그리고 생분해성·재활용 플라스틱과 같은 환경 대응형 소재에 이르기까지, 고분자는 첨단 기술과 환경 문제 해결에 있어 필수적인 열쇠로 기능한다.

최근에는 인공지능 기술의 발전과 함께 고분자 분야에서도 AI 기반의 소재 설계, 구조 예측, 최적화 기술이 빠르게 확산되고 있으며, 이는 소재 개발의 효율성과 예측 가능성을 획기적으로 향상시키고 있다. 또한 플라스틱 폐기물에 대한 사회적 관심이 높아지면서, 바이오 기반 고분자나 순환경제를 지향한 설계 기술 또한 새로운 연구 및 산업의 중심으로 부상하고 있다.

이 책은 이러한 변화된 환경 속에서, 고분자공학의 기초 개념은 물론, 최근의 융합 기술 및 응용 사례들을 폭넓게 소개하고자 하였다. 전공자뿐만 아니라 타 분야 연구자 및 실무자들도 고분자공학에 쉽게 접근하고 이해할 수 있도록 구성하였으며, 특히 미래 산업에 요구되는 소재 개발의 방향성과 역할을 함께 조망할 수 있도록 노력하였다.

이 책을 통해 고분자공학의 핵심 개념을 쉽게 이해하고, 이를 다양한 분야에서 적절히 활용하거나 응용할 수 있는 기초를 마련하는 데 도움이 되기를 기대한다. 부족한 점은 앞으로도 지속적으로 보완해 나갈 것이며, 추후 수정사항 등은 자유아카데미 자료실(www.freeaca.com)을 통해 제공할 예정이다. 독자 여러분의 따뜻한 조언과 의견을 바란다.

끝으로, 이 책은 학연사에서 출간되었던 『생활속의 고분자』를 토대로, 최근의 고분자공학의 흐름에 맞춰 내용을 수정하고 보완하여 새롭게 출간한 것이다. 좋은 책이 새로운 빛을 볼 수 있도록 도와주신 자유아카데미 관계자 여러분과 인하대학교 고분자공학과 학생들에게 깊은 감사를 전한다.

2025년 8월
저자대표

차례

제1장

생활 속의 고분자

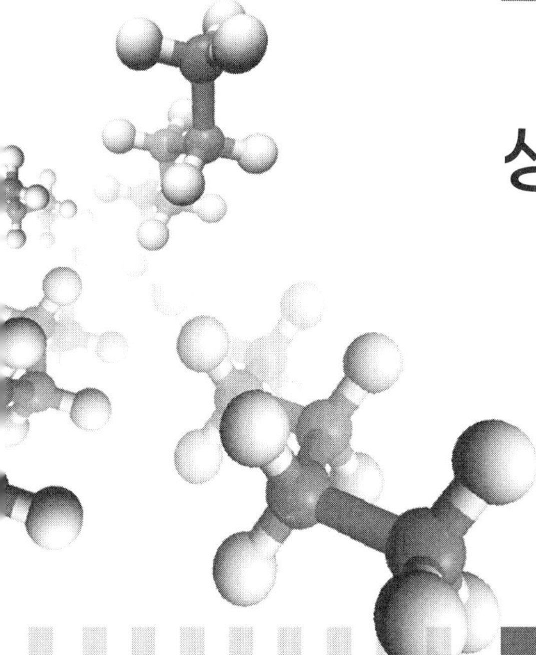

인류의 탄생부터 인간과 고분자와는 밀접한 관계를 갖고 있으며 현대사회는 고분자의 시대라고 불릴 만큼 일상생활에 다양하게 사용되고 있다.

고분자와 인간과의 관계는 인류의 탄생에서부터 시작되었다. 고대 인류의 생활에서 채집과 수렵을 통해 얻을 수 있는 음식은 전분과 단백질이었고, 의복과 일상생활의 주요 재료는 식물과 동물의 표피 등 천연 고분자였다.

고분자 재료의 응용분야는 크게 플라스틱, 섬유, 고무로 나누어 볼 수 있으며, 페인트, 접착제, 토목, 건축자재 및 산업소재까지 현대사회는 고분자의 시대라고 할 수 있을 정도로 우리의 일상생활 속에서 고분자가 다양하게 사용되고 있다(그림 1-1).

'플라스틱(plastic)'의 어원은 그리스어의 'plastikos'로 '모양을 만들다 또는 빚다'에서 유래되었으며 플라스틱 재료라고 하면 가볍고, 유연하며 값이 싸다는 것을 먼저 떠올린다. 이 밖에도 플라스틱 재료는 종류가 다양하고, 제조가 쉽고 물성의 변화와 변형이 용이하며 장기간 사용하여도 모양과 기능의 저하가 크지 않아 기존의 금속 및 세라믹재료를 대체하고 있다.

이 밖에 초고밀도 집적 회로, 디스플레이, 태양전지, 포토레지스트, 표시소자, 분리막, 인공신장과 피부, 혈관, 심장, 뼈, 약물 전달체, 연료전지와 이차 전지, 수처리 등 다양한 용도로 사용되고 있으며 최근 빛이나 전기, pH 혹은 압력 변화에 응답하는 고분자, 내열성, 고강도 고분자 등 높은 부가가치를 가지는 고기능성 고분자들이 개발되고 있다.

그림 1-1 빨대, 생수병, 건축용 파이프, 의료현장 등 다양하게 사용되는 플라스틱 재료 (출처: pixabay)

고분자 재료의 필요성

플라스틱이 실생활에서 많이 사용되는 용도로 포장재를 들 수 있는데, 일반적으로 저가인 포장재는 사용 후 쓰레기를 대량 양산하여 환경에 부담을 주게 된다는 일반적인 인식이 팽배해 있다.

그러나 포장은 내용물을 보호하며, 보관 및 운송 도중 내용물이 변질되거나 손상되는 것을 방지하는 역할을 한다. 또한 식품을 위생적이고 신선하게 유지하며 식품의 영양분을 보존하고 방부제의 사용을 감소시킨다. 만약 포장을 하지 않으면 대부분의 식품이 사용 전에 변질되거나 세균에 의하여 오염될 것이다. 또한 포장에는 내용물의 특성, 중량, 원산지, 제조일자, 유통기한 등 많은 정보를 표시할 수 있고 바코드를 붙일 수 있어 소비자들의 선택과 유통의 효율성에 큰 도움을 줄 수 있다.

과거 생산자와 소비자가 일치했던 자급자족의 시대에는 포장의 필요성이 높지 않았다. 그러나 인구밀도가 증가하고 도시화가 가속되고 있는 현대사회는 제품의 가격을 낮추기 위하여 대단위 공장을 필요로 하며, 제품의 판매가 그 지역에 국한되지 않고 시장이 세계 전역으로 확대됨에 따라 식품의 생산지와 소비자가 공간적으로 멀어지고 분업화되고 있다. 이와 같은 일들이 가능하도록 하기 위해서는 포장이 필수적이다.

전 과정 평가(LCA)

포장재로 사용할 수 있는 재료에는 플라스틱 이외에 종이, 금속 혹은 유리 등이 있다. 이 중 종이는 자연 속에서 분해될 수 있으며, 캔류나 자동차 등에 사용된 금속은 재활용할 수 있고, 유리도 용융시켜 새로운 제품으로 만들 수 있기 때문에 이들 재료가 플라스틱보다 훨씬 친환경적이라고 인식되어 왔다. 그러나 1992년 독일 Wiesbaden의 포장연구위원회에서 발간된 보고서는 다음과 같은 내용을 싣고 있다.

> "플라스틱 포장재를 종이, 철, 알루미늄 혹은 유리로 대체한다면 포장재의 무게가 4배 이상 증가하고, 포장재 생산을 위한 에너지 소비가 2배 이상 증가하며, 생산 비용도 2배 이상 증가할 것이다. 또한, 예상과는 달리 쓰레기의 부피도 2배 이상 증가할 것이다."

표 1-1과 표 1-2는 종이를 생산하고 폐기할 때 소요되는 에너지와 환경오염 정도

표 1-1 플라스틱과 종이의 환경영향평가 비교

비교 항목		단 위	1gal 우유통		1gal 포장백	
			HDPE	종 이	LDPE	종 이
제조 시 자원 사용량	원재료	lb	0.06	0.13	0.04	0.14
	에너지	btu[1]	2100	4000	750	1520
	용수	gal	1.8	5.3	1.3	5.1
제조 시 오염물질 발생량	고형 폐기물	입방 ft	0.017	0.035	0.003	0.012
	대기오염물	lb	0.006	0.011	0.005	0.011
	수질오염물	lb	0.001	0.007	0.0012	0.006
사용 후 고형 폐기물 발생량		lb	0.06	0.13	0.04	0.14

출처: Franklin Associates, Ltd. (1990). Resource and Environmental Profile Analysis of Polyethylene Milk Bottles and Polyethylene-Coated Paperboard Milk Cartons; (2009) Life Cycle Inventory of Packaging Options for the Distribution of Milk

[1] British thermal unit: 에너지 및 열량을 표시하는 단위로 1 lb의 물을 1℃ 올리는 데 필요한 열량

표 1-2 쇼핑백 1000매 소각 시 유독 가스 발생량 비교

구 분	HDPE bag	종이 bag	종이 / HDPE
중량	5 kg	50 kg	10
유독가스 CO_2	15.7 kg	75.0 kg	4.8
NO_x	4.5 g	175 g	38.9
SO_x	0.15 g	25.0 g	166.7

출처: IPCC Guidelines for National Greenhouse Gas Inventories (2006); US EPA Report: AP-42: Compilation of Air Pollutant Emission Factors (2020); Manual for Air Pollutant Emissions Inventory Ministry of the Environment, Japan (2011)

를 플라스틱의 경우와 비교한 것으로, 여기서 고밀도 폴리에틸렌(high density polyethylene, HDPE)과 저밀도 폴리에틸렌(low density polyethylene, LDPE)은 일반적인 용도(범용)로 많이 사용되는 플라스틱이다. 표 1-1과 표 1-2는 폴리에틸렌이 종이보다 훨씬 친환경적임을 보여 주고 있다.

종이는 수분을 흡수하면 강도가 급격히 감소하고 불투명하여 내용물을 확인할 수 없다는 단점이 있을 뿐만 아니라, CO_2로부터 O_2를 생산하는 나무를 원료로 하고 밀봉 시에도 접착제를 사용해야 한다는 점에서 환경 친화성이 떨어진다고 할 수 있다.

따라서 포장재의 환경 친화성 정도를 평가하기 위해서는 단순히 발생하는 유해물질의 양뿐만 아니라 생산에서 폐기에 이르기까지 모든 과정에서 환경에 미치는 영향을 종합적으로 평가하는 전 과정 평가(Life Cycle Assessment, LCA)가 필요하다.

가공온도를 비교해 보면 유리는 500~600°C에서, 철은 800~1000°C에서 가공하는 반면 플라스틱은 100~250°C에서 가공할 수 있어 플라스틱 생산과정에서의 에너지 소비는 유리나 금속에 비하여 훨씬 적다. 한편, 생수 1.8 *l* 용기의 경우 생수만의 무게는 1.8 kg이며 이를 유리 용기에 담으려면 약 0.5 kg의 유리가 필요하지만 플라스틱일 경우에는 0.05 kg 정도만 필요할 뿐이다. 이처럼 같은 양의 내용물을 포장하기 위하여 소요되는 플라스틱의 양은 타 재료에 비하여 훨씬 적다.

또한 Wiesbaden 포장연구위원회(Wiesbaden Institute for Packaging Studies)는 유리나 철, 알루미늄은 재활용이 가능하지만 완벽한 분리수거가 어렵기 때문에 이들 재료로 플라스틱을 대체한다면 포장을 위하여 사용되는 포장재의 양이 4배 이상 증가하고 쓰레기 부피는 2배 이상 늘어날 것이라고 보고하고 있다.

이처럼 플라스틱을 타 재료로 대체하여 쓰레기의 양이 증가하면 더 많은 청소차가 필요할 뿐만 아니라 제품의 수송에도 더 많은 트럭이 필요하다. 예를 들어 생수를 18,000 ton 수송한다고 하면, 유리로 포장을 한 경우에는 유리 자체의 무게 때문에 23,000 ton을 수송해야 하므로 10 ton 트럭 2,300대가 필요하지만 플라스틱 포장 시에는 18,500 ton만 수송하면 되기 때문에 10 ton 트럭 1,850대만 있으면 된다. 따라서 유리를 포장재로 사용하면 450대의 10 ton 트럭이 추가로 필요하므로 운송 비용이 더 높고 더 많은 경유가 소모되며 CO_2도 그만큼 더 많이 발생하여 지구 온난화를 더 앞당기게 된다고 할 수 있다.

수송 도중 유리 용기의 파손율이 플라스틱 용기에 비하여 훨씬 높은 것도 유리 용기가 가지고 있는 단점 중 하나이다. 기체를 잘 투과시키지 않는 포장재는 음식물의 포장에 적합하다. 예를 들어 쇠고기는 공기 중의 산소와 결합하면 검붉게 변하며 변질되기 때문에 쇠고기를 보관・운반하려면 산소를 차단할 수 있는 포장재가 필요하다. 커피나 향신료의 경우에도 그 향기를 오랫동안 지속시키려면 공기가 통하지 않는 포장재가 필요하다. 비닐 랩(vinyl wrap)이라고 알려진 플라스틱 필름은 산소의 투과도가 작게 고안된 플라스틱이므로 음식물을 보관하는 데 적합하다. 먹고 남은 수박에 비닐 랩을 씌우면 보관기간이 연장되는 것은 이 때문이다.

종이 우유팩도 플라스틱으로 코팅해야 새지 않으며, 금속 캔의 내부도 플라스틱으로 코팅해야 금속의 냄새가 식품에 배지 않는다. 냉동식품, 야채, 소시지, 치즈 등 식품을 플라스틱이 아닌 다른 재료로 포장한다면 포장비가 얼마나 상승하겠는가? 포장에 필요한 재료의 양이 증가하고 물류비용이 상승하며 쓰레기 청소에 더 많은 비용이 소요되어 소비자의 부담이 훨씬 많아지는 것은 피할 수 없다.

고분자와 환경

상품의 포장이 피할 수 없는 것이라면 위에서 살펴본 플라스틱의 여러 가지 장점 때문에 플라스틱의 사용도 피할 수 없다. 물론 환경을 보호하기 위하여 한 번 쓰고 버리는 제품의 사용은 최대한 줄여야 한다. 그러나 인류의 생활을 원시시대 생활로 돌이키기는 어렵기 때문에 사용한 포장재를 환경친화적으로 폐기할 수 있는 방안을 강구하여야 할 것이다.

생산 공정 중 발생한 폐기물(스크랩)이나 깨끗하게 수거된 사용 후 폐기물(Post-Consumer Waste)을 동일하거나 유사한 제품으로 재사용하는 것을 1차 재활용(primary recycling)이라고 한다. 음료를 마시고 난 PET병을 다시 물병으로 사용한다든가, 이를 분쇄하여 다시 PET병으로 만들어 재사용하는 경우가 이에 해당한다. 예로서 플라스틱 공장에서 생산 중 남은 HDPE 스크랩을 다시 HDPE 용기로 제조하거나 병 제조 공장에서 남은 유리 조각을 다시 병으로 재사용하는 경우를 정의하며 품질 저하 없이 재활용이 이루어지는 것이 특징이다.

2차 재활용(secondary recycling)은 사용 후 폐기물을 물리적으로 처리하여 원래 제품과는 다른 용도나 낮은 품질의 제품으로 재가공하는 방식이며, 폐플라스틱, 폐종이, 폐금속 등 사용 후 폐기물을 분쇄, 세척, 압출 등의 물리적 공정을 통해 새로운 제품으로 다시 사용하는 것을 말한다. 화학적 변화가 없는 물리적 재활용으로 고분자 사슬이 일부 파괴되어 기계적 성능 등에 다소의 품질 저하가 발생하며 원래의 용도로 사용 불가한 경우가 많다. 보통 혼합 폐기물이나 오염된 폐기물이 해당된다. 예를 들어 폐기된 플라스틱을 압축 성형하여 의자나 쓰레기통, 보도블록 등으로 만드는 경우가 이에 해당한다.

3차 재활용(tertiary recycling)은 화학적 재활용(chemical recycling)이라고도 하며, 폐기물을 열분해, 가수분해, 알코올분해 등 화학 반응을 통해 분해시켜 원래의 단량체 또는 연료로 사용하기 위한 기름 등 유용한 화학물질로 되돌리는 방식이다. 폐 PET의 경우 테레프탈산(terephthalic acid, TPA), 에틸렌글리콜(ethylene glycol, EG) 등 모노머를 회수하는 경우를 지칭한다.

4차 재활용(quaternary recycling)은 폐기물을 소각하여 에너지(열 또는 전기)로 회수하는 방식으로 더 이상 재사용이나 재생산이 어려운 폐기물에서 열에너지를 뽑아내어 활용하는 것을 말한다. 에너지 회수(energy recovery)라고도 한다. 이 중 가장 효과적인 재활용은 1차 재활용이며, 4차 재활용은 가장 비용이 많이 소요되는 재활용법이다.

1차, 2차, 3차, 4차 재활용의 분류는 재활용의 방식과 품질 변화에 따른 분류이다. 기술적 처리 방식에 따라 재활용을 material recycling, chemical recycling, thermal recycling으로 분류하기도 하며, 두 분류는 서로 부분적으로 겹치며 대응된다. Material recycling은 사용한 재료를 다시 재료로 재활용하는 것으로 1차와 2차 재활용에 해당한다. Chemical recycling은 사용한 재료를 분해하여 플라스틱 원료로 만드는 것으로 3차 재활용에에 해당되며 이를 다시 중합하면 플라스틱을 제조할 수 있다. Chemical recycling은 따라서 feedstock recycling으로 표현하는 것이 더 타당하다. Thermal recycling은 재료를 분해하여 연료를 만들거나 재료를 연소시켜 에너지를 얻는 방식으로 재활용하는 것으로 4차 재활용에 해당된다.

재활용을 위한 폐플라스틱의 분류

플라스틱 종류별로 분리배출하는 것은 재활용 효율을 높이고, 품질 저하를 줄이기 위한 핵심 단계로서 소비자 단계와 재활용 공정 단계로 나누어 볼 수 있다. 폐플라스틱의 분리배출을 용이하게 하기 위하여 표 1-3과 같은 플라스틱 재활용 코드를 사용하고 있다. 원활한 분리배출을 위한 소비자 행동 요령으로는 이물질을 제거하고 세척하며, 재질별로 라벨을 확인하는 것이다. 뚜껑, 라벨 등을 분리하고 같은 종류끼리 묶어 배출하는 것이 바람직하다.

재활용 시설에서는 밀도에 따라 부유선별을 통하여 물 등 액체에 가라앉는 성분(PS, PET, PVC, PC 등)과 뜨는 성분(PP, PE)으로 분리한다. 또한 air sorting처럼 공기의 흐름에서 가벼운 성분과 무거운 성분으로 분류하는 방법도 사용되고 있으며, 폐 플라스틱 혼합물이 컨베이어 벨트를 타고 이송되는 동안 빛의 파장이 700 ~2500 nm인 근적외선 센서로 플라스틱의 분자 구조를 인식해 자동으로 분류하는 적외선(NIR) 분광 분석법도 사용된다. 특히 금속이 포함된 플라스틱에서 금속만 자석으로 제거할 수도 있으며 복합재질, 이물질이 많은 경우 최종적으로 작업자에 의해 수작업으로 선별되고 분리된다.

플라스틱의 재활용이 힘든 경우가 있다. 예를 들면, 생선이나 육류의 포장재는 수거가 어렵고 불결하며 어망이나 어업용 도구는 유실되기 쉽기 때문에 이를 회수하기가 매우 어렵다. 또한 수렵용 탄창이나 골프용 티도 사용 후 일일이 줍지 않으면 그대로 버려지며 건축공사에 사용되는 플라스틱도 회수하기 어려운 경우가 많다.

한편, 밭에 작물을 경작할 때 멀칭 필름(mulching film)을 많이 사용한다. 멀칭

표 1-3 플라스틱 재활용 코드

	고분자 이름	예시	플라스틱 재활용 코드
PET	폴리(에틸렌 테레프탈레이트)	생수병, 음료수병	플라스틱 PET
HDPE	고밀도 폴리에틸렌	소스병	플라스틱 HDPE
PVC	폴리염화바이닐	파이프	03 PVC
LDPE	저밀도 폴리에틸렌	비닐봉지, 식품 포장용 랩	플라스틱 LDPE
PP	폴리프로필렌	장난감, 병뚜껑	플라스틱 PP
PS	폴리스타이렌	스티로폼 상자	플라스틱 PS
OTHER	기타	–	플라스틱 OTHER

필름을 깔고 적당한 크기로 구멍을 뚫어 식물을 재배하면 토양 내 수분을 유지할 수 있고, 잡초가 자라는 것을 억제할 수 있으며 병충해를 줄일 수 있다. 그런데 이 멀칭 필름을 사용하고 난 후 잘 회수하지 않으면 토양에 섞여 들어가 수막 현상 때문에 물이 잘 빠지지 않기 때문에 토양이 식물의 경작에 부적합해 질 수 있다.

이와 같은 용도로 사용된 플라스틱의 재활용은 매우 어렵거나 많은 비용을 필요로 하기 때문에 미생물에 의하여 CO_2와 H_2O로 완전히 분해되는 생분해성 플라스틱을 사용하는 것이 효과적이다. 현재 생분해성 플라스틱은 기존의 일반 플라스틱보다 값이 비싸고 물성이 취약하기 때문에 이를 개선하기 위한 연구가 활발히 수행되어 큰 진전이 이루어지고 있다.

제2장

고분자의 역사

고분자는 아주 오래전부터 인류 생활에 사용되어 왔다. 천연 고분자인 삼베는 신석기시대에도 사용되었다고 하며 비단은 1~2만 년 전에 이미 중국에서 사용되었다는 기록이 있다.

분자량이 큰 분자를 고분자라고 하는데 분자량이 얼마 이상이어야만 고분자라고 할 수 있다는 명확한 정의는 없으나 일반적으로 고분자는 최소 10,000 이상의 분자량을 가진다. 고분자 공업은 약 100년 전에 여명기를 맞이하였으며, 제2차 세계대전을 거치면서 눈부시게 발전하였다. 일반 용도로 많이 사용되는 범용 고분자로부터 엔지니어링 플라스틱, 초고강도, 초고탄성, 높은 내열성을 가진 고분자 재료 및 열, 빛 혹은 전기나 압력을 받았을 때 이 자극에 대하여 고유한 응답을 나타낼 수 있는 능력을 가진 기능성 고분자 및 의료용 고분자에 이르기까지 인류 생활에서 바야흐로 고분자 시대가 열리고 있다.

고분자는 무척 오래전부터 인류 생활에 사용되어 왔다. 천연 고분자인 삼베와 면, 비단, 양모 등 의복 재료가 그 효시라고 볼 수 있는데 삼베는 신석기시대에서도 사용되었다고 하며, 비단은 1~2만 년 전 이미 중국에서 사용되었다는 기록이 있다. 또한 잉카제국 이전의 고분에서 면포에 쌓인 미라가 발견되었으며 양모의 사용도 8000년 전으로 거슬러 올라간다. 종이는 기원전 3000~4000년경 이집트 지방에서 파피루스를 사용한 것이 시초이며, 현재 쓰이고 있는 종이는 기원전 100년경 중국의 후한시대에서 비롯되었다고 한다.

산업의 효시

1863년 뉴욕시 엘버니 거리에 이런 내용의 광고지가 나붙었다.

"상아의 대용품을 만든 사람에게 상금 1만 달러를 드립니다."

수 세기 동안 칼 손잡이에서부터 작은 물건의 부품들은 모두 코끼리의 상아로 만들어졌고 당시 미국 사회에서 대유행이었던 당구에 쓰이는 당구공 역시 마찬가지였다. 그런데 문제가 발생했다. 상아의 엄청난 수요로 인해 아프리카의 코끼리가 점점 줄어들자 1880년대 상아의 공급 역시 크게 줄어 미국으로의 수출이 거의 이루어지지 않았던 것이다. 미국의 가장 큰 당구공 제조업자 펠란과 콜렌더는 이에 위기의식을 느껴 상아를 대체할 수 있는 합성물질을 만든 사람에게 1만 달러의 상금을 주겠노라고 제안했고, 뉴욕시의 여러 거리에 그러한 광고를 내걸었다.

미국 서부에서 10년 만에 뉴욕으로 돌아온 존 웨슬리 하얏트(J. W. Hyatt, 1837~1920)라는 청년은 우연히 길을 걷다가 그 광고지를 발견하였다. 원래 직업이 인쇄공이던 그는 발명에 타고난 재능이 있어서 그 동안 몇 가지의 발명품들을 만들어 낸 경험이 있었다. 그는 이 상아 대용품 현상공모에 응해 보기로 마음먹었다. 먼저 하얏트는 나무 부스러기, 물에 불린 헝겊, 아교풀, 녹말, 펄프 등을 섞어서 반죽해 보았다. 그러나 그것들은 마음먹은 대로 단단하게 결합되거나 굳어지지 않았다. 그는 밤낮없이 수백 가지의 재료들을 혼합하여 실험하였으며, 3년이라는 시간이 흘렀다. 마침내 하얏트는 종이 가루에 니스의 원료인 셸락, 나이트로 셀룰로이드라는 질산 섬유소를 에터와 알코올에 녹인 콜로디온 등을 혼합하여 반죽한 물질로 당구공을 만들어냈다.

결국 상아가 아닌 새로운 합성물질로 당구공을 만들어낸 것이다. 그러나 그 합성물질은 마르면 오그라드는 성질이 있어서 썩 만족스러운 결과물은 아니었다. 이 때문에 상금 역시 1만 달러에 훨씬 못 미치는 액수를 받았지만, 그 부분적인 실패는 오히려 하얏트의 실험 의지를 더욱 자극하였다. 몇 번이나 되풀이되는 실패에도 불구하고 연구를 계속한 하얏트는 어느 날 약품 선반 위에 놓인 장뇌 팅크를 발견하였다. 장뇌 팅크는 신경통, 타박상, 멍든 피부에 바르는 약으로 장뇌를 알코올에 녹인 것이다. 그런데 그 팅크를 첨가하자, 하얏트가 개발한 합성물질이 줄어드는 것을 막는 작용을 하였다.

1869년, 드디어 연구는 완벽하게 성공하였다. 하얏트가 발명한 이 새로운 합성물질은 열을 가하면 어떠한 모양으로도 만들어 낼 수 있으며, 열이 식으면 상아처럼 단단하고 탄력이 있는 물건이 되었다. 하얏트는 이 새로운 물질에 '셀룰로이드'라는 이름을 붙였고, 1870년에 특허를 얻어 직접 셀룰로이드 회사를 설립하였다. 그가 세운 회사에서 처음으로 만들어 판 것이 셀룰로이드로 만든 틀니였는데, 그 후로 셀룰로이드는 여러 가지 용도로 쓰이기 시작하여 상자, 단추, 자, 필름 등 갖가지 물건의 주재료가 되었다. 「시네마 천국」이라는 영화에서는 상영 도중 영화필름에 불이 붙어 극장이 화재에 휩싸이는 장면이 나온다. 영화필름이 셀룰로이드로 만들어졌기 때문에 쉽게 불이 붙은 것이다.

이러한 하얏트의 발명을 시작으로 합성물질 발명의 붐이 일었고 1907년 드디어 리오 베이클란드(Leo Bakeland)라는 벨기에 출신의 발명가가 페놀과 폼알데하이드라는 물질이 서로 잘 반응한다는 사실에 착안하여 새로운 합성물질을 만들어 냈다. 그는 자신이 만들어 낸 그 합성물질에 베이클라이트(Bakelite)라는 이름을 붙였다. 베이클라이트는 처음에 열을 가하여 물러졌을 때 여러 가지 모양으로 만들었다가, 다음에 다시 높은 열과 압력을 가하면 그 모양대로 굳어졌으므로, 이런 성질로 단단한 제품을 만들 수 있었다. 이후 이 물질은 밥그릇에서 재떨이, 병마개나 양산 손

(a) (b)

그림 2-1 (a) 헤르만 슈타우딩거 (b) 월라스 캐러더스

잡이 등은 물론이고 절연 물질로서 전기 회사에서 널리 사용되었고, 결국 베이클란드는 자신이 개발한 베이클라이트로 1만 달러의 상금을 차지할 수 있었다.

고분자의 존재 가능성은 케쿨레(A. Kekúle) 에 의하여 처음 제안되었다. 케쿨레는 천연 유기물질이 특이한 성질을 나타내는 것은 매우 긴 사슬을 가지기 때문이라고 추정하였다. 그 후 1922년, 독일의 슈타우딩거(H. Staudinger, 1881 ~ 1965, 그림 2-1(a))에 의하여 고분자의 개념이 처음 제시되었다.

슈타우딩거의 연구 결과가 발표될 당시에는 고분자라는 개념이 없었으므로, 대부분의 학자들이 단지 저분자의 집합체인 콜로이드(colloid)일 것으로 믿고 있었다. 콜로이드는 '아교'라는 뜻을 가지고 있으며 반투과막을 통과하지 못하는 물질로, 저분자가 화학 결합보다 약한 물리적 인력에 의하여 집합상태를 취하고 있는 물질을 말한다. 따라서 콜로이드는 분자량의 크기와 무관하게 온도나 농도 등 특정한 조건에 따라 취하는 상태가 달라진다.

슈타우딩거는 천연고무가 콜로이드가 아닌 거대분자의 구조를 가지고 있을 것이라는 상상을 하였다. 그러나 그 당시 다른 과학자들은 천연고무가 이소프렌(isoprene) 분자의 이량체(dimer)가 응집된 상태로 믿고 있었다. 여기서 이량체란 아이소프렌과 같이 고분자의 원료가 되는 단량체(monomer) 분자 2개가 화학 결합에 의하여 형성된 분자를 말한다.

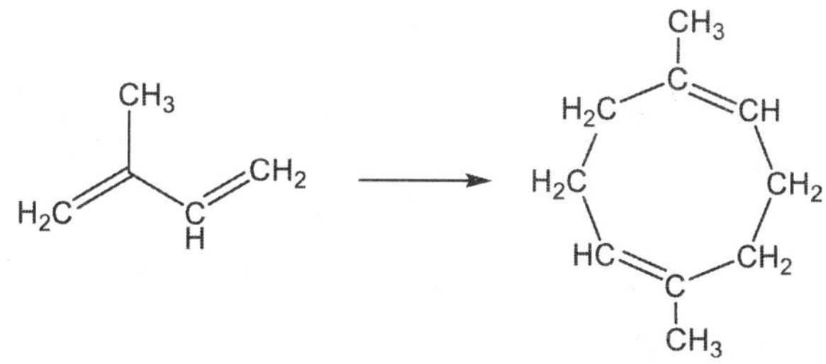

아이소프렌 단량체　　　　아이소프렌 이량체

만약 천연 고분자가 위와 같은 아이스프렌 이량체의 콜로이드 응집체라면, 수소를 첨가하여 이 응집체에 포함되어 있는 이중 결합을 단일 결합으로 전환시키면 분자 간의 인력이 달라지므로 이 콜로이드의 성질은 크게 변화할 것이다. 그러나 슈타우딩거는 천연고무에 수소를 첨가하더라도 거대분자의 성질이 그대로 보존된다는 사실을 실험적으로 입증하였다.

슈타우딩거는 polystyrene을 용매에 용해시켜 용액의 점도를 측정하였을 때 용액의 점도가 분자 말단의 수가 감소할수록 더 증가한다는 사실을 발표하였다. 고분자가 저분자의 집합체라면 집합체의 크기와 무관하게 분자 말단의 수는 일정할 것이다. 그러나 분자 말단의 수가 감소한다는 것은, 고분자가 저분자의 화학 결합을 통하여 거대 분자화되었다는 것을 의미한다.

이와 같이 여러 실험적인 사실을 통해 슈타우딩거는 거대 분자의 존재를 명백히 증명하였으며 1953년 고분자를 연구한 학자로서는 처음으로 노벨 화학상을 수상하였다. 캐러더스[W. H. Carothers, 1896 ~ 1937, 그림 2-1(b)]도 거대 분자설을 지지했으며, 캐러더스가 나일론(nylon)을 처음으로 합성하면서 고분자라는 가설은 확실한 개념으로 정립되었다.

“석탄, 물 그리고 공기로 만든 나일론은 강철보다 강하며 거미줄보다 가늘면서 탄성과 광택이 우수한 합성섬유”라는 광고와 함께 1938년 첫선을 보인 나일론의 인기는 가히 폭발적이었다. 나일론으로 만든 스타킹이 판매되기 시작하자마자 너무 많은 사람이 몰려들었기 때문에 경찰이 출동하고 정치가와 뇌물이 동원되기도 하였다(그림 2-2). 우리나라에서는 이승기 박사가 1939년 합성섬유 비날론을 처음으로 발명하기도 하였다.

1940년대 영국 ICI사에서 저밀도 폴리에틸렌(LDPE)을 개발하여 고분자 시대가 활짝 열렸으며, 1953년 독일의 지글러(K. Ziegler) 교수와 이탈리아의 나타(G. Natta) 교수가 고밀도 폴리에틸렌(HDPE) 및 폴리프로필렌(PP)을 합성할 수 있는

그림 2-2 듀폰사에서 출시된 나일론 스타킹 광고 (출처: clotho98/flickr)

지글러-나타 촉매를 개발함에 따라 고분자 산업이 한층 더 발전하게 되었다. 지글러와 나타는 1963년 노벨 화학상을 공동으로 수상했다.

천연 고분자인 단백질이 α-나선 구조를 가지고 있다는 사실을 밝힌 라이너스 폴링(L. Pauling)은 1954년 노벨 화학상을 받았으며, DNA의 이중나선 구조를 밝힌 왓슨(D. J. Watson)과 크릭(F. H. Crick)은 1962년에 노벨 의학상을 받았다.

고분자의 용액 특성과 입체구조 등을 연구한 플로리(P. J. Flory)가 1972년 노벨 화학상을 받았으며, 드젠(de Gennes)은 고분자 사슬의 운동을 연구하여 1991년 노벨 물리학상을 수상하였다.

히거(A. J. Heeger)와 맥더미드(A. G. McDiarmid), 시라가와(H. Shirakawa)는 전기전도성 고분자에 대한 연구 업적으로 2000년 노벨 화학상을 받았다. 전기전도성 고분자의 출현에는 한국인 학자의 실험 결과가 큰 역할을 하였다고 한다.

제2차 세계대전과 고분자

제2차 세계대전을 끝내는 데에는 세 종류의 고분자가 큰 역할을 하였다. 첫 번째는 합성고무의 일종인 스타이렌-뷰타다이엔 고무(styrene-butadiene-rubber, SBR)의 개발이다. 생산량이 한정된 천연고무를 대신하여 전쟁 수행에 필요한 차량의 타이어를 마음대로 공급할 수 있었기에 미군의 전투력이 크게 향상되어 독일과 일본의 패망을 이끌어냈다.

두 번째는 폴리에틸렌의 개발이다. 영국의 ICI사가 개발한 LDPE가 고주파 라디오파에 잘 견디는 우수한 특성을 가지고 있다는 것을 발견했고 레이더 케이블 피복재료의 절연체로 매우 적합한 재료임이 밝혀졌다. 이 LDPE를 활용한 레이더 덕분에 영국은 독일 전투기의 항로를 정확히 알 수 있었고 이에 적절히 대응함으로써 독일 전투기를 무력화시킬 수 있었다.

세 번째는 테플론(Teflon)의 개발이다. 제2차 세계대전 중 미국은 원자탄의 제조를 위하여 우라늄 동위 원소를 분리하는 것이 필요하였다. 이때 우라늄 동위 원소는 UF_6 형태의 가스로 분리하여야 하는데 이 가스는 부식성이 강해 녹을 잘 슬게 하여 웬만한 금속은 견디지 못했다. 그러던 중 미 육군의 그로브스 장군이 듀폰(DuPont)사에서 테플론이 개발되었다는 소식을 들었다. 테플론은 플렁켓(Roy J. Plunkett)에 의하여 처음 합성되었으나 그 당시 뚜렷한 용도를 찾지 못하고 있었다.

이 테플론은 용매뿐만 아니라 강산과 강알칼리에도 잘 견디며 고온에서 도 녹거나 타지 않고 매우 미끄러워 다른 물질이 잘 들러붙지도 않았다. 이 소식을 듣고 그로브스 장군은 곧 듀폰사를 방문하여 테플론을 제조하게 하였다. 미국은 이 테플론을 이용하여 원자탄을 개발하는 데 성공하였으며, 원자탄의 제조는 제2차 세계대전을 끝내는 데 결정적으로 기여하였다.

제3장

고분자의 생성

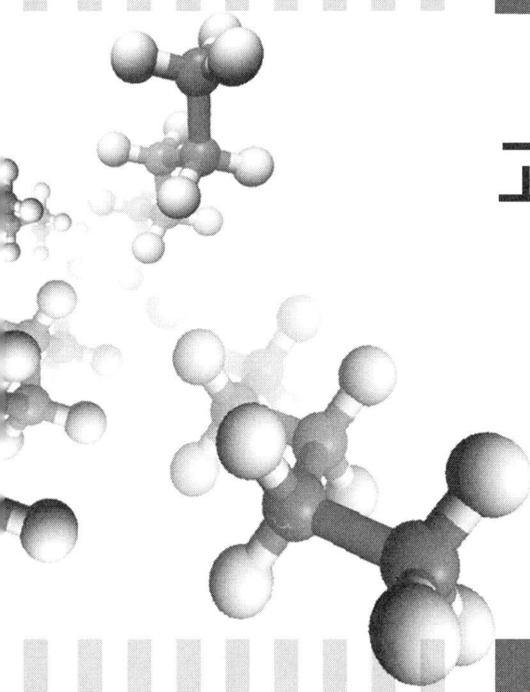

고분자는 연쇄 중합(chain growth polymerization) 또는 단계 중합(step growth polymerization)으로 만들어진다.

고분자는 원료인 단량체(monomer)가 중합됨으로써 생성된다. 단량체의 중합은 메커니즘에 따라 단계 중합(step growth polymerization)과 연쇄 중합(chain growth polymerization)으로 대별할 수 있다.

단계 중합

단계 중합에 의해 생성되는 대표적 고분자인 나일론 66의 생성반응은 다음과 같다.

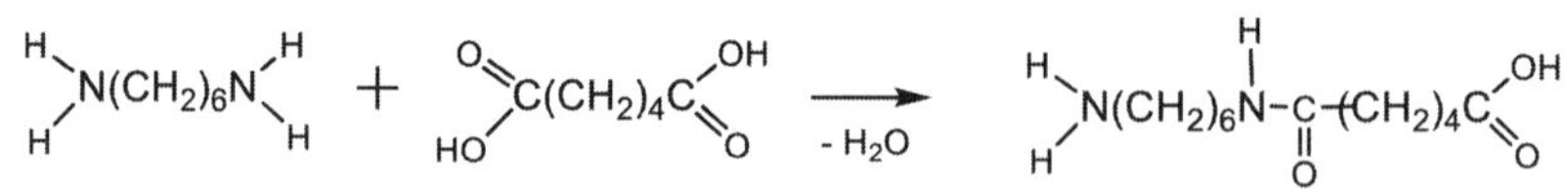

hexamethylene diamine　　adipic acid

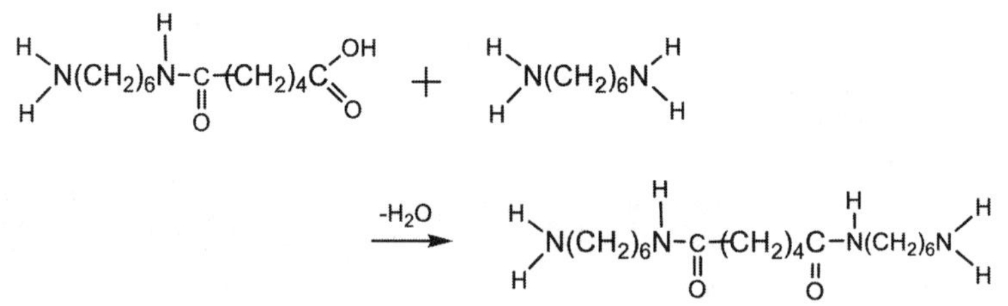

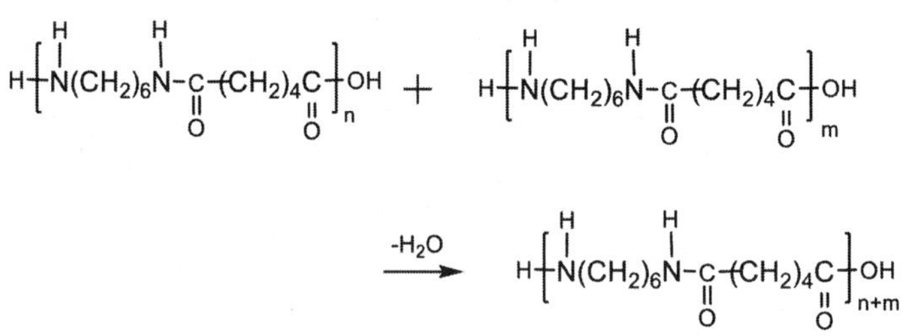

이 생성 반응은

monomer + monomer → dimer
monomer + dimer → trimer
monomer + trimer → tetramer

$$\begin{array}{lcll} \text{dimer} & + & \text{dimer} & \rightarrow \text{tetramer} \\ n\text{-mer} & + & m\text{-mer} & \rightarrow (n+m)\text{-mer} \end{array}$$

와 같이 단계적으로 성장한다. 이러한 고분자의 중합 반응을 단계 중합 반응이라고 한다. 중합 반응 과정에서 H_2O나 다른 분자를 제거하면서 결합하므로 축합 중합(condensation polymerization)이라고도 부른다.

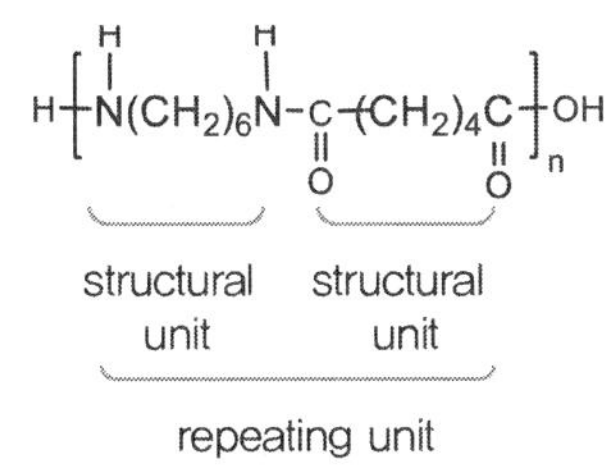

나일론 66의 구조는 위와 같은 repeating unit(반복 단위)으로 간단하게 표현할 수 있다. 한 반복 단위 안에 탄소수가 6개인 structural unit(구조 단위)이 2개 있으므로 나일론 66이라는 상품명을 붙였다.

한편, 나일론은 한 분자 내에 아민기와 카복실기를 동시에 가지는 환형의 단량체를 이용하여 합성할 수도 있다. 나일론 6이 바로 이런 예인데 나일론 6의 반복 단위는

으로, 반복 단위 안에 탄소수가 6개인 structural unit이 1개 있으므로 나일론 6이라는 상품명을 붙였다. 나일론은 -C(=O)NH-와 같은 아마이드(amide) 결합을 가지므로 폴리아마이드(polyamide)라고 부르기도 한다. 이에 따라 나일론 66은 polyamide 66, 나일론 6은 polyamide 6이라고 부른다.

Poly(ethylene terephthalate)(PET) 역시

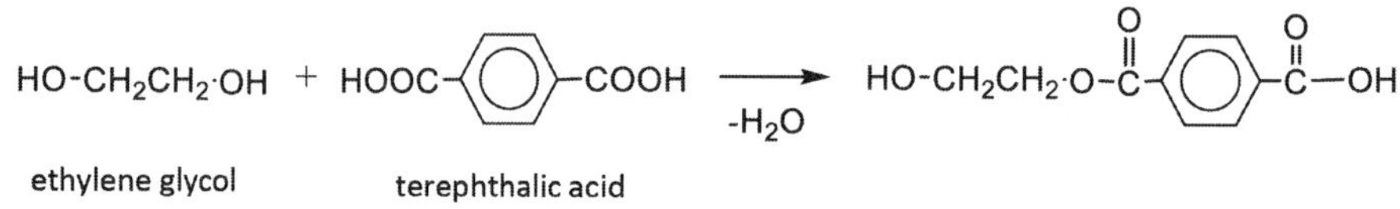

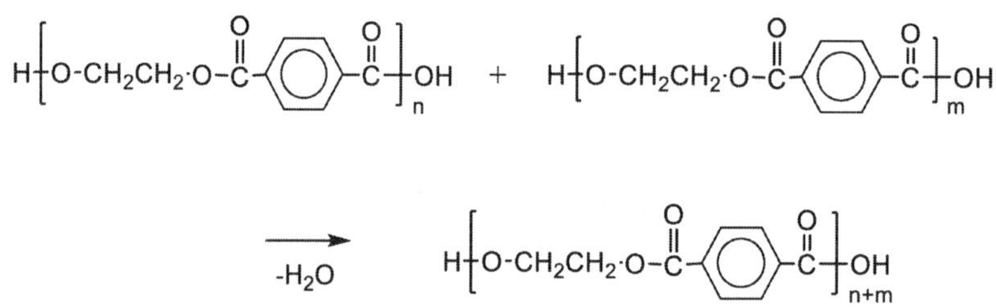

와 같이 단계 중합에 의해 생성되며, 한 반복 단위 안에 2개의 structural unit이 있다.

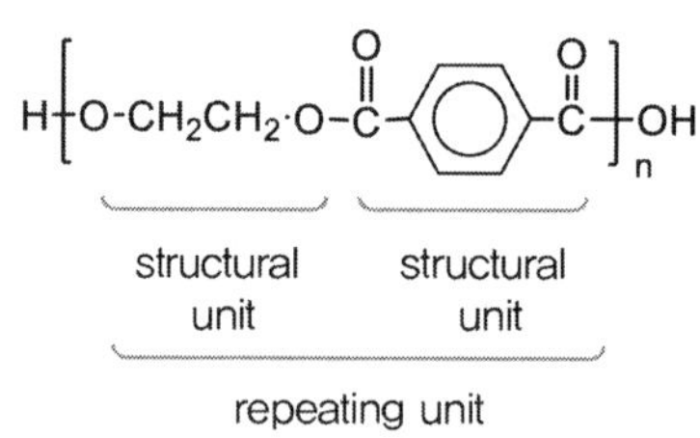

PET는 $-\overset{O}{\overset{\|}{C}}-O$의 에스터(ester) 결합을 가지고 있으므로 폴리에스터(polyester)라고 부르기도 한다.

연쇄 중합

연쇄 중합(chain growth polymerization)에는 라디칼 중합(radical polymerization), 양이온 중합(cationic polymerization), 음이온 중합(anionic polymerization) 및 배위 중합(coordination polymerization)이 있다.

스타이렌 단량체의 라디칼 중합 과정을 살펴보자. 라디칼 중합에서는 먼저 열이나 빛을 받았을 때 benzoyl peroxide(BPO)와 같은 유기 과산화물(I)이 분해하여 짝을 이루지 않는 전자를 가진 라디칼(R*, radical)이 형성된다.

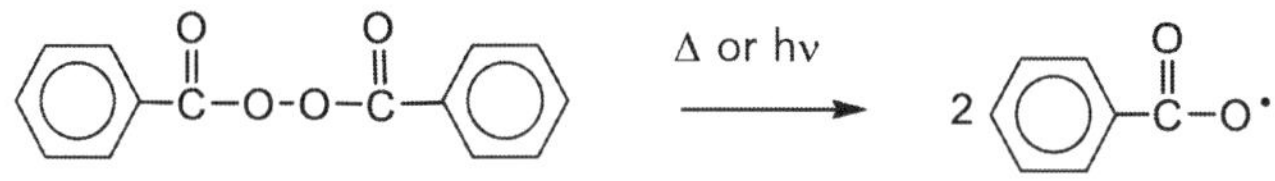

$$\mathrm{I} \xrightarrow{k_d} 2\mathrm{R}^*$$

개시제의 분해 반응(decomposition of the initiator)

이 라디칼은 다른 물질과 반응하려는 경향이 커서 중합 반응을 개시하므로 BPO와 같은 유기 과산화물을 개시제(initiator)라고 부른다.

단량체인 스타이렌의 이중 결합 중 하나는 *s* 결합, 하나는 *p* 결합인데, 이 중 *p* 결합이 열리면서 개시제와 반응하여 보다 큰 분자의 라디칼 RM*을 형성한다.

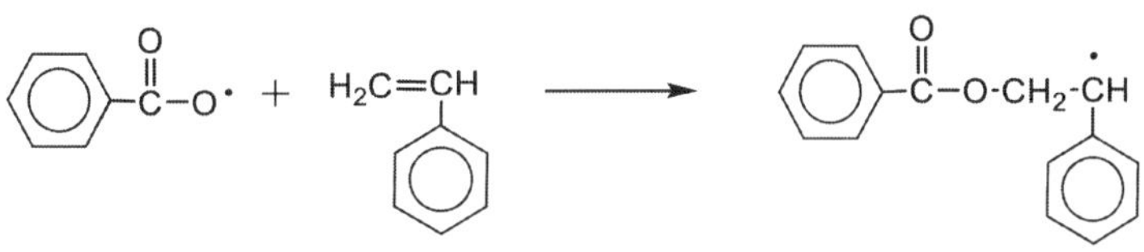

$$\mathrm{R}^* + \mathrm{M} \xrightarrow{k_i} \mathrm{RM}^*$$

개시 반응(initiation reaction)

이렇게 생성된 라디칼 RM*는 단량체와 반응하여 단량체 단위가 두 개인 라디칼 RM$_2^*$가 되며, n개의 단량체와 연속적으로 반응하여 다음과 같이 RM$^*_{n+1}$ 라디칼이 형성되는 방식으로 성장한다.

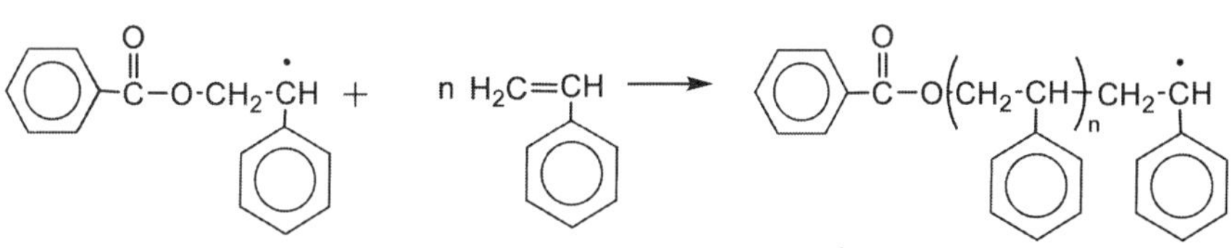

$$\mathrm{RM}^* + n\mathrm{M} \xrightarrow{k_p} \mathrm{RM}_{n+1}^*$$

성장 반응(propagation reaction)

이와 같이 개시 반응에 의하여 생성된 활성종이 단량체와 계속 반응 함으로써 성장하는 중합 반응을 연쇄 중합이라 한다. 활성종이 전기적으로 중성인 라디칼일 경우

라디칼 중합이라고 부르며, 활성종이 양이온이면 양이온 중합, 음이온이면 음이온 중합이라고 한다.

양이온 중합의 성장 반응은

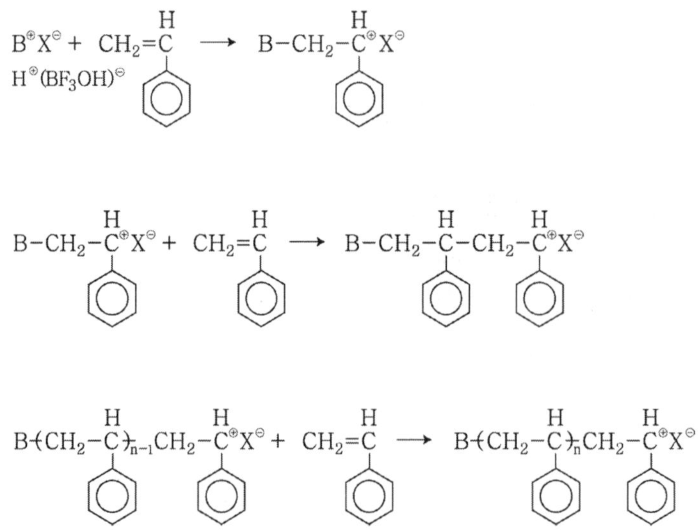

와 같이 진행되며 음이온 중합의 성장 반응은

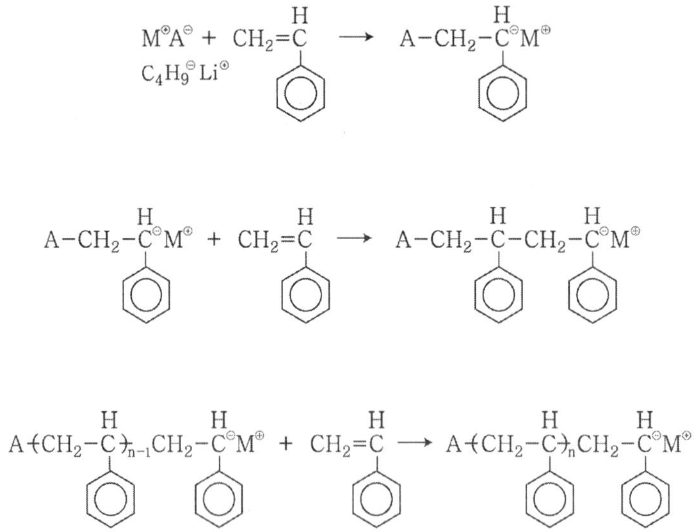

와 같이 진행된다.

지글러-나타 촉매를 이용한 배위 중합을 예로 들면 $TiCl_4$가 triethylalumiuum chloride TEAC에 의하여 alkylation되어 ethyl기($-C_2H_5$)로 alkyl화된 배위자(ligand)와, 빈 배위자로 이루어진 활성점이 만들어진다.

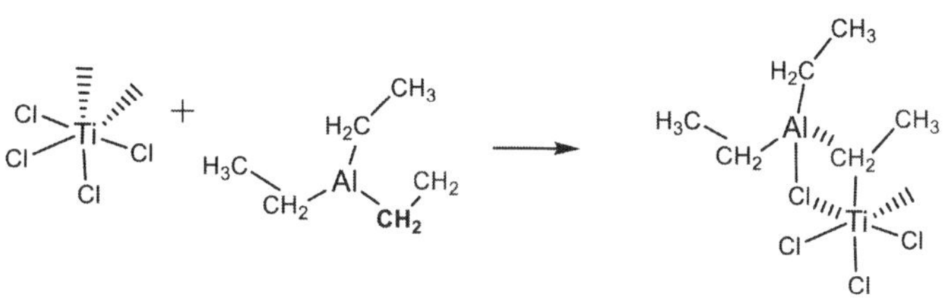

$TiCl_4$ triethyl aluminum

빈 배위자에 propylene과 같은 monomer가 배위되는데, 이때 propylene의 methyl기($-CH_3$)는 활성점 주위의 구조에 따라 특정한 방향으로 배위된다. 그 후 중간체(intermediate)를 거쳐 성장하는 고분자 속으로 삽입되어 들어가는 방식으로 성장한다.

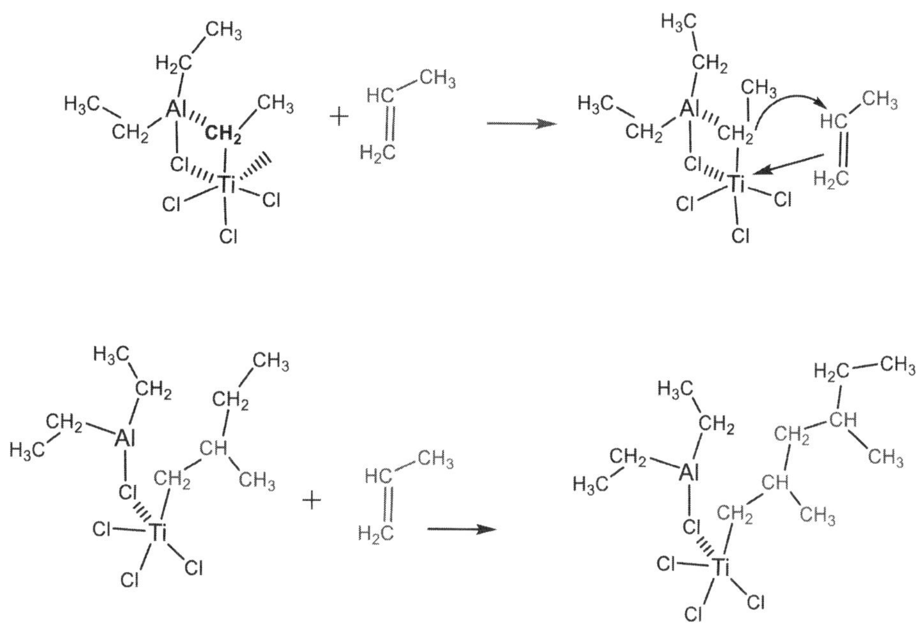

연쇄 중합에서 활성종이 단량체와 반응하여 계속 성장할 수 있지만, 활성종끼리 반응하여 활성을 잃어버릴 수도 있고(결합 반응), 활성종의 활성이 다른 분자로 이

동하여(연쇄 이동 반응) 중합을 계속할 수도 있다. 라디칼 중합을 예로 연쇄 이동 반응과 결합 반응을 살펴보자.

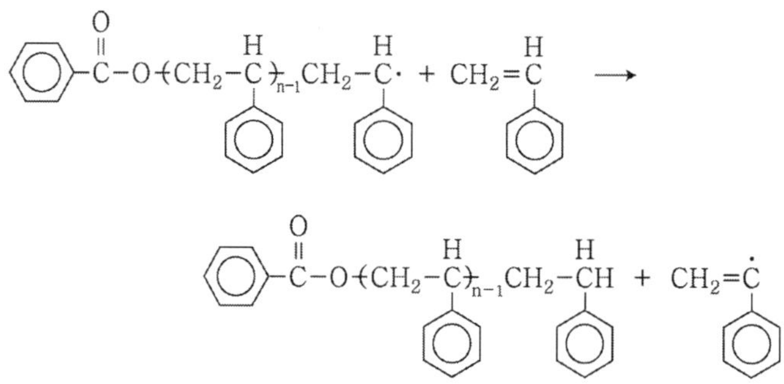

$$RM^{*}_{n} + M \rightarrow RP_{n} + M^{*}$$

연쇄 이동 반응(chain transfer reaction)

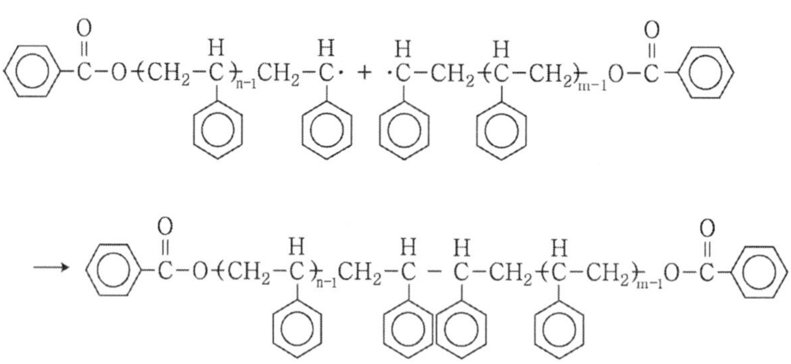

$$RM_{n}^{*} + RM_{m}^{*} \rightarrow RM_{n+m}R$$

결합 반응(combination reaction)

이와 같은 연쇄 이동 반응과 결합 반응에 의해 성장하는 활성종은 활성이 없는 dead polymer로 되므로, 연쇄 이동 반응이나 결합 반응이 빠르게 일어나면 분자의 길이가 짧은 고분자가 생성된다.

개환 중합

나일론 6의 공업적인 생산은 주로 ε-caprolactam을 개환 중합(ring opening

polymerization)함으로써 이루어지고 있다. 이는 ε-caprolactam의 개환 중합 반응 속도가 ε-amino caproic acid의 축합 중합에 비하여 훨씬 빠르기 때문이다. ε-caprolactam의 개환 중합은 다음 반응식과 같이 step growth가 아닌 chain growth mechanism으로 진행된다. 그러나 나일론 6의 합성에는 caprolactam의 개환 중합 이외에 축합 중합도 수반되기 때문에 나일론 6의 합성에서 단계 중합만 일어난다고 할 수 없다.

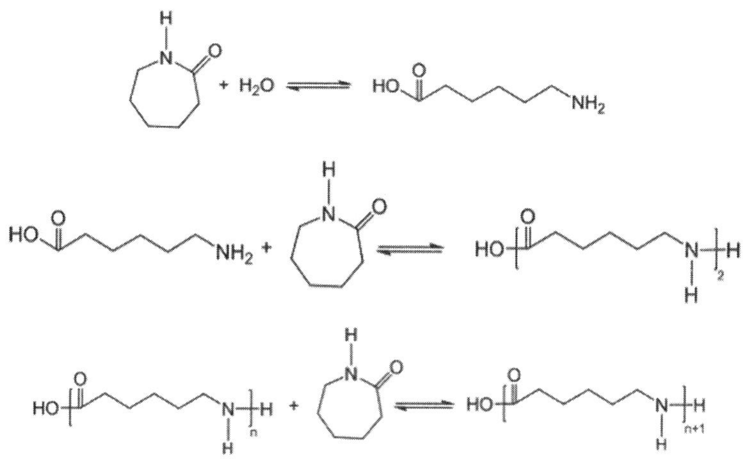

ε-caprolactam의 개환 중합 반응 속도가 매우 빠른 점을 이용하면, 사출 성형 과정 중에 ε-caprolactam의 개환 중합 반응이 수반되게 하여 중합과 동시에 성형이 이루어지게 하는 reaction injection molding(RIM) 기법이 가능하다.

제4장

극성 고분자와 비극성 고분자

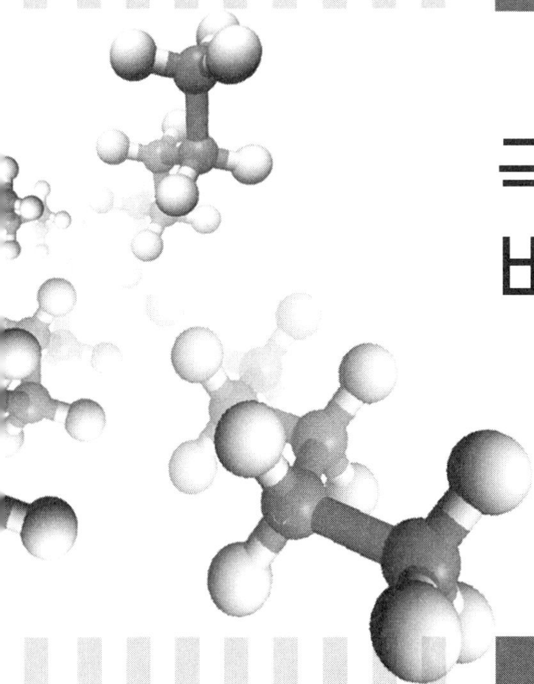

인류의 탄생부터 인간과 고분자와는 밀접한 관계를 갖고 있으며 현대사회는 고분자의 시대라고 불릴 만큼 일상생활에 다양하게 사용되고 있다.

고분자 사슬은 대부분 공유 결합으로 이루어져 있다. 이때 공유 결합에 참여하는 원자쌍의 전기 음성도가 서로 다를 경우에 공유 결합을 이루는 전자 1쌍은 전기 음성도가 큰 원자 쪽으로 치우치기 때문에 한쪽은 음전하를 띠고 한쪽은 양전하를 띠게 되어 극성인 분자가 된다. 전기 음성도는 F(플루오린) > O(산소) > N(질소) > Cl(염소)의 순으로 감소한다.

나일론 66 반복 단위에 있는 −C(=O)−의 O는 C보다 전기 음성도가 크므로 C는 양전하를, O는 음전하를 띤다. 그리고 −NH−의 N은 H보다 전기 음성도가 크므로 N은 음전하를, H는 양전하를 띠기 때문에 나일론 66은 극성 고분자이다.

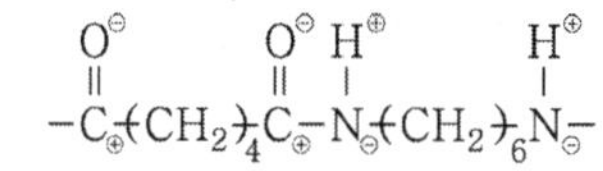

Poly(vinyl chloride), 즉 PVC는 다음과 같은 구조를 가지고 있다.

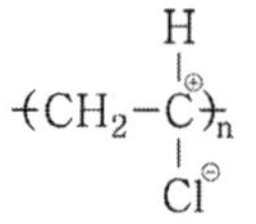

여기서 Cl은 C보다 전기 음성도가 더 크기 때문에 Cl이 음전하를, C가 양전하를 띠어 PVC는 극성 고분자가 된다. 그러나 C-Cl의 전기 음성도 차이는 C=O와 N-H의 전기 음성도 차이보다 작기 때문에 PVC의 극성 정도는 나일론 66보다는 낮다.

테플론의 경우, C와 F의 전기 음성도가 다르더라도 다음과 같은 대칭 구조로 인하여 비극성을 나타낸다.

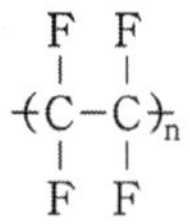

Polyethylene, polypropylene, polystyrene은 전기 음성도의 차이가 거의 없거나 혹은 대칭 구조를 가지므로 비극성 고분자에 속한다.

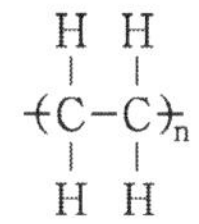

polyethylene

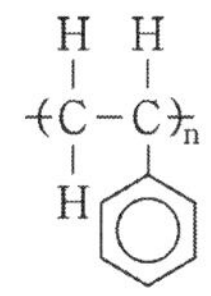

polystyrene

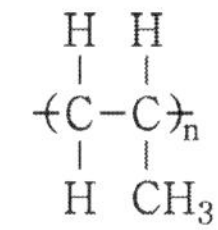

polypropylene

Polyethylene과 polypropylene은 둘 다 비극성 고분자로 분류되지만 polypropylene은 비대칭 구조를 가지고 있으므로 polyethylene보다 극성이 약간 더 높게 나타난다.

휘발성을 가지는 용액의 극성 정도는 용매의 용해도 인자(solubility parameter) δ와 강한 상관관계를 나타낸다. 용매의 용해도 인자는 단위 부피의 용매를 기화시키는 데 필요한 열량으로부터 측정할 수 있는데, 극성이 큰 용매일수록 용해도 인자 값이 크다. 왜냐하면, 극성이 더 큰 용매일수록 분자 간 인력이 더 크므로 같은 부피만큼을 기화시키는 데 더 많은 에너지가 소요되기 때문이다.

예를 들면 물(δ= 47.9), methanol(δ= 29.7), acetone(δ= 20.3), chloroform(δ= 19.0), benzene(δ= 18.8), CCl4(δ= 17.6), cyclohexane(δ= 16.8), n-henxane(δ= 14.9)의 순으로 용매의 극성이 감소한다(이때 용해도 인자의 단위는 $(MPa)^{1/2}$이다). 즉, 물의 경우 25℃에서 증발열이 550 cal/g이며 비중이 1.0이므로 용해도 인자 δ는 $\left(\frac{550\ \mathrm{cal}}{\mathrm{cm}^3}\ \frac{4.18\ \mathrm{N\cdot m}}{1\ \mathrm{cal}}\ \frac{10^6\ \mathrm{cm}^3}{1\ \mathrm{m}^3}\ \frac{1\ \mathrm{MPa}}{10^6\ \mathrm{Pa}}\right)^{\frac{1}{2}} = 47.9\ (\mathrm{MPa})^{1/2}$로 계산된다.

고분자의 용해도 인자는 가교된 상태의 고분자가 용매에 의하여 팽윤될 때 최대 팽윤도를 보이는 용매의 용해도 인자를 그 고분자의 용해도 인자로 한다. 그런데 최대 팽윤도를 보이는 용매를 정확히 정하기 어려운 경우가 있으므로 고분자의 용해도 인자는 한 개의 값이 아닌 범위의 값으로 주어지는 경우도 있다. 표 4-1에 몇몇 고분자의 용해도 인자를 나타내었다.

표 4-1 고분자의 용해도 인자

고분자	고분자의 구조	용해도 인자 (단위 (MPa)$^{1/2}$)
Teflon		13.6
Polyethylene	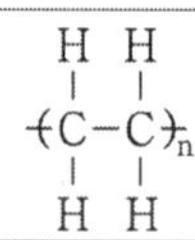	17.3
Polypropylene	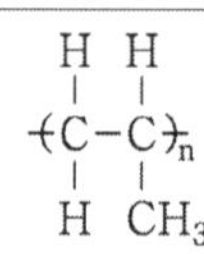	17.7
Poly(vinyl acetate)	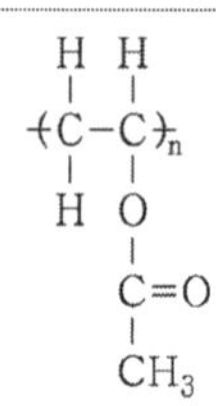	20.6
Poly(methyl acrylate)	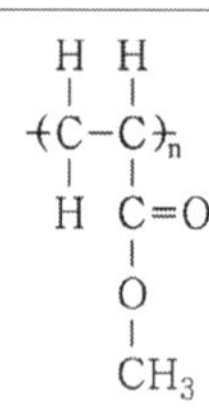	19.7~20.8
Poly(vinyl chloride)	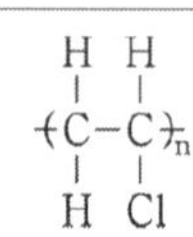	20.8~21.25
PET	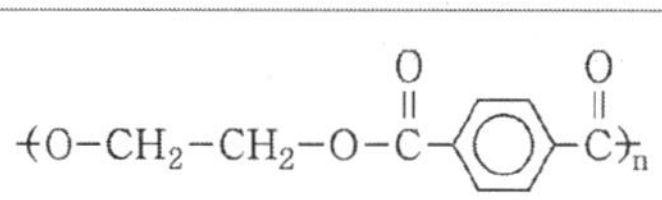	23.44
Nylon 66	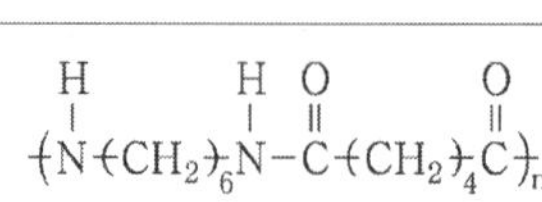	27.8~29.8
Polyacrylonitrile	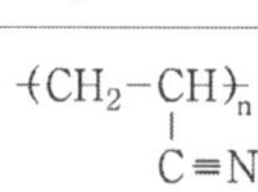	33.7

제5장

고분자의 결합

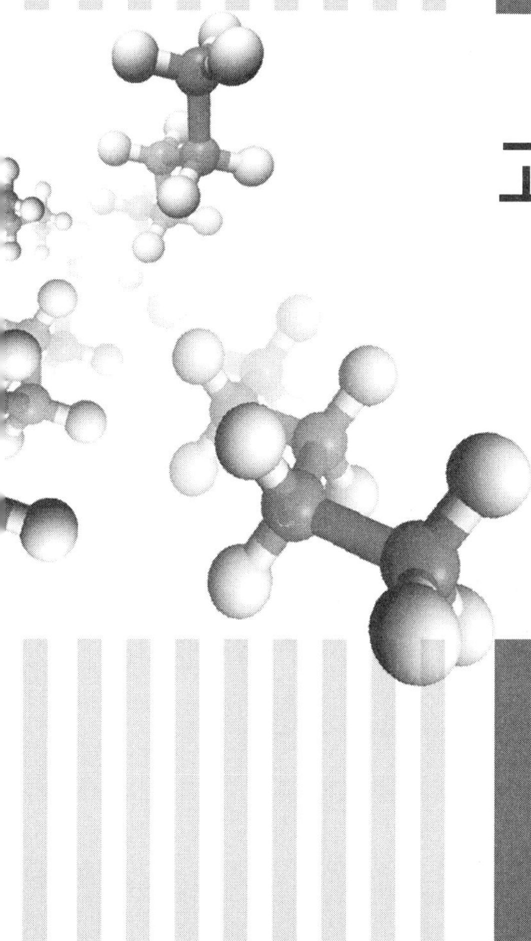

고분자의 결합은 고분자의 골격을 이루는 1차 결합과 고분자 사이의 인력에 해당하는 2차 결합으로 구분된다.

고분자는 분자 자체의 configuration을 이루는 primary bond(1차 결합), 그리고 고분자 사이의 인력에 의한 물리적 결합인 secondary bond(2차 결합)에 의하여 기계적인 물성을 나타낸다. 예를 들면, 나일론 66의 분자 골격을 이루는 모든 결합은 공유 결합으로, 1차 결합이다.

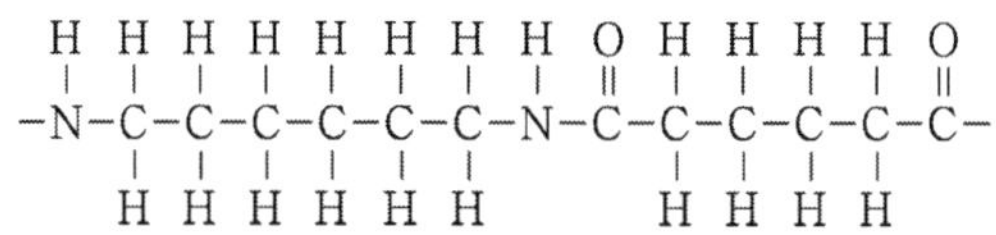

2차 결합에는 수소 결합(hydrogen bond), 쌍극자-쌍극자 상호작용(dipole-dipole interaction) 및 van der Waals interaction 등이 있다.

이온 결합

이온 결합(ionic bond)의 예로는 poly(acrylic acid)의 카복실기(carboxylic group)가 금속 이온과 이온 결합을 함으로써 poly(acrylic acid) 분자 사이의 인력이 증대되는 것을 들 수 있다.

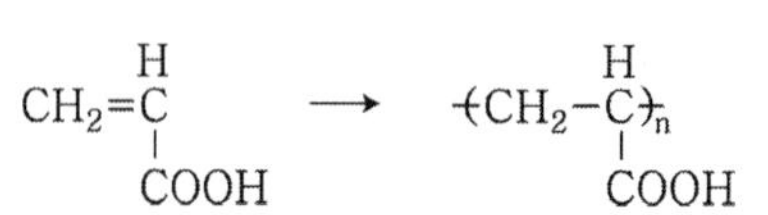

acrylic acid poly(acrylic acid)

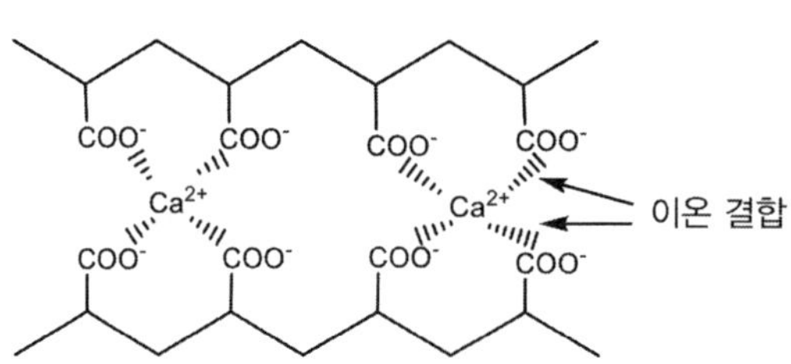

다음의 sodium alginate는 물에 녹는 천연 고분자이다.

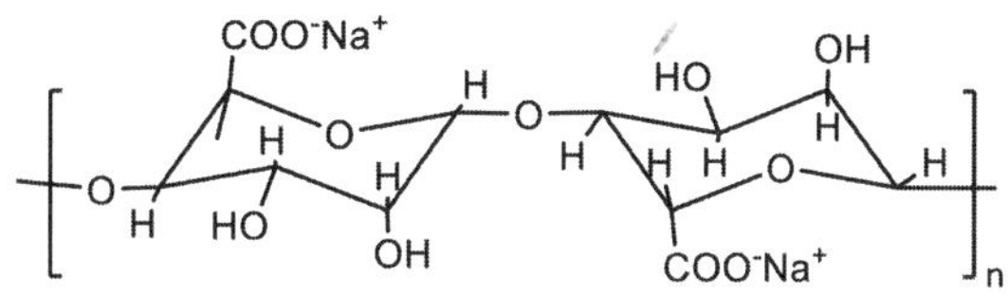

sodium alginate

유산균을 sodium alginate와 함께 물 속에 분산시킨 용액을 $CaCl_2$ 수용액 속에 방울방울 떨어뜨리면 alginate의 carboxylic acid group과 Ca^{2+} 사이에 이온 결합이 생성되면서 물에 녹지 않는 고분자가 된다. 이러한 방법으로 유산균을 불용성막(capsule) 속에 보호할 수 있으며 유산균이 위산에 의하여 사멸하지 않고 장까지 무사히 도달할 수 있는 것이다. 이와 같은 기법은 일종의 microencapsulation 기법이다.

수소 결합

나일론 66의 구조에서 C와 O, N과 H는 서로 전기 음성도 차이가 크기 때문에 부분 양전하와 부분 음전하를 띤다.

$$C^{\oplus}=O^{\ominus}\cdots H^{\oplus}-N^{\ominus}$$

이때 H는 비교적 큰 양전하를 띠므로 음전하를 띠는 O나 N 사이에 수소 결합이 이루어져 나일론 66 분자 사이의 인력을 증대시킨다.

쌍극자-쌍극자 상호작용

acrylonitrile polyacrylonitrile

polyacrylonitrile

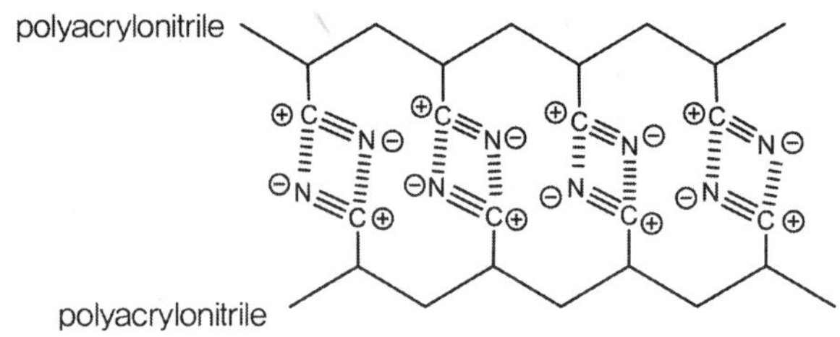

Polyacrylonitrile 내의 —C≡N기(cyano group)는 C와 N의 전기 음성도가 다르므로 —C⊕ ≡N⊖와 같이 쌍극자(dipole)의 전하를 띤다. 이 쌍극자들 사이에는 비교적 강한 인력이 있으므로 polyacrylonitrile 분자 사이의 인력을 증가시킨다.

van der Waals 상호작용

Polyethylene과 같이 극성을 띠지 않는 분자와 분자 사이에도 약한 인력이 존재하는데 이 인력을 van der Waals 상호작용이라고 한다.

이온 결합과 수소 결합은 강한 결합이므로 결합이라고 부르지만 쌍극자-쌍극자 인력과 van der Waals 상호작용은 결합이 비교적 약하므로 결합이라기보다는 상호작용(interaction)이라고 부른다.

표 5-1 결합 에너지의 종류

종 류	결합 에너지(단위: kJ / mol)
1차 결합(공유 결합)	200 ~ 500
이온 결합	10 ~ 20
수소 결합	3 ~ 7
쌍극자-쌍극자 상호작용	1.5 ~ 3
van der Waals 상호작용	0.5 ~ 1

제6장

열가소성 플라스틱과 열경화성 플라스틱

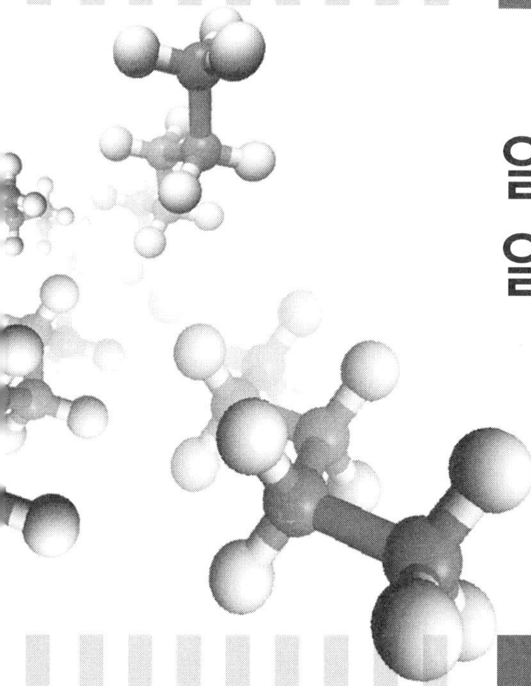

가교가 된 고분자는 열경화성 플라스틱에 속하며 가교가 되지 않은 고분자는 대부분 열가소성을 나타낸다.

고분자 상호간의 인력은 mechanical entanglement(고분자 사슬들이 서로 얽혀 있는 상태)와 2차 결합에 기인한다.

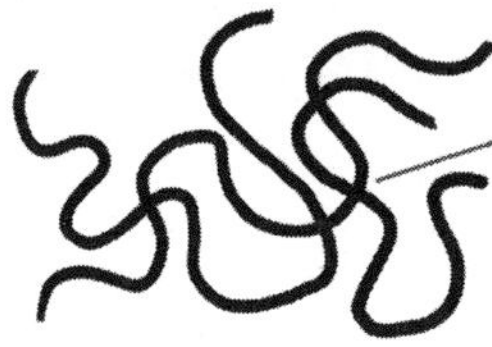

온도가 상승하면 고분자의 운동이 활발해져 2차 결합에 의한 인력이 덜 중요해진다. 따라서 고분자가 자유롭게 움직일 수 있어 고분자가 액체처럼 흐를 수 있게 된다. 이와 같이 열을 가했을 때 고분자가 흐를 수 있는 성질을 가질 때 이 고분자를 열가소성 고분자로 분류한다.

고분자의 가교는 고분자 사이의 사이의 σ 결합에 의해 고분자가 연결되어 그물 모양의 구조를 가지는 것을 말한다.

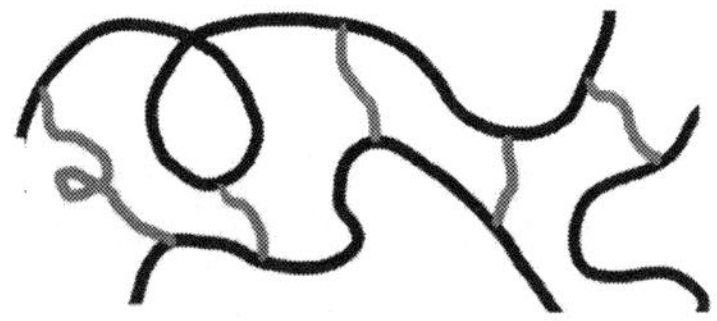

그림 6-1 고분자의 가교(crosslinking)

이때 고분자 사이를 연결하는 결합 역시 결합이기 때문에 고분자의 1차 결합과 유사한 크기의 결합 에너지를 가지고 있다. 따라서 온도를 어느 정도 올려도 고분자가 서로 붙들려 있기 때문에 분자의 운동이 자유롭지 못하므로 용융되어 흐를 수 없다. 만약 온도를 더욱 올리면 고분자 사이를 연결하는 결합뿐만 아니라 고분자 자체의 1차 결합도 끊어지기 때문에 고분자가 용융되는 것이 아니라 분해된다. 이러한 특성을 가진 고분자를 열경화성 고분자로 분류한다.

그런데 가교된 고분자가 아니더라도 온도를 올려도 용융되지 않고 분해되는 고분자들이 있다. 예를 들어 polyacrylonitrile 분자 상호 간에는 쌍극자-쌍극자 상호작용이 존재한다.

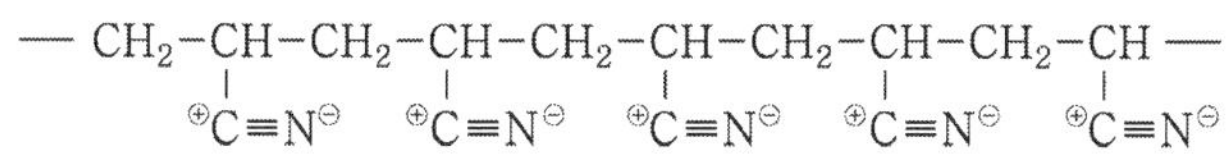

비록 쌍극자-쌍극자 상호작용의 결합 에너지는 1차 결합의 결합 에너지보다 작지만, polyacrylonitrile 분자 내에 쌍극자-쌍극자 상호작용을 이루는 부분이 매우 많기 때문에 온도를 가하여 많은 수의 상호작용을 모두 무력화시키기 전에 polyacrylonitrile 분자의 1차 결합이 먼저 분해되는 degradation이 발생할 수 있다.

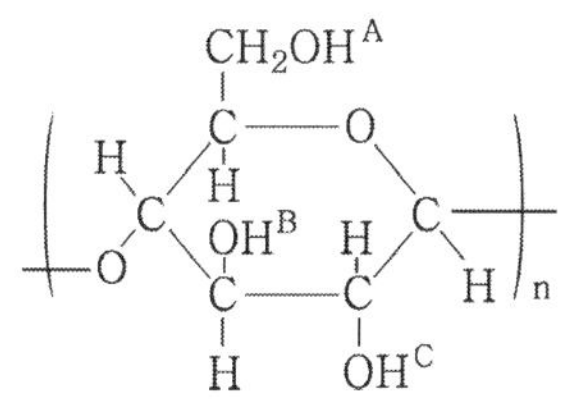

셀룰로스의 반복 단위

셀룰로스(cellulose) 역시 가교되어 있지 않은 고분자이지만 셀룰로스의 반복 단위에는 3개의 수소 결합이 가능한 -OH(hydroxy group)가 있기 때문에 2차 결합의 수가 매우 많아 온도를 올리면 용융되기 전에 1차 결합의 분해가 일어난다. 그러나 셀룰로스의 OH기를 다음 반응과 같이 에스터화(esterification)하여 셀룰로스 아세테이트(cellulose acetate)로 만들면 셀룰로스의 수소 결합이 소멸되므로 셀룰로스에 열가소성을 부여할 수 있다.

$$-OH + HO\overset{O}{\overset{\|}{C}}CH_3 \xrightarrow{\text{esterification}} -O-\overset{O}{\overset{\|}{C}}-CH_3 + H_2O$$

셀룰로스를 아세트산으로 에스터화할 때 셀룰로스의 반복 단위에서 B와 C의 OH기가 A의 OH기보다 더 빠르게 에스터화된다. 셀룰로스 아세테이트는 미생물에 의해서 분해될 수 있는 고분자인데, OH기가 아세테이트기($CH_3C(=O)O-$)로 치환될수록 열가소성은 증가하지만 미생물에 의한 분해 속도는 느려진다.

테플론은 비극성 분자이므로 분자 사이의 인력은 van der Waals interaction에 기인한다. 그러나 테플론 분자는 분자 상호 간의 거리가 매우 짧고 차곡차곡 채워져 있기 때문에 온도를 올리면 van der Waals interaction보다 1차 결합이 먼저 분해된다. 이런 경우에는 용매를 고분자에 첨가하면 용매 분자가 고분자 사이로 침투

하여 고분자 사이의 2차 결합을 대체함으로써 고분자를 상호 분리시켜 고분자를 용해할 수 있다. 예를 들어 polyacrylonitrile은 DMF(dimethyl formamide)나 DMAc(dimethyl acetamide)에 용해시켜 작은 구멍의 노즐 속으로 방사한 후 이 용매를 증발시킴으로써 polyacrylonitrile을 응고시키는 방법으로 섬유로 만들 수 있다.

가교된 고분자는 용매에 용해되지 않고 팽윤(swelling)된다. 이때 가교가 조밀하게 된 고분자는 팽윤이 적게 되고, 가교가 듬성듬성하게 된 고분자는 팽윤이 많이 되기 때문에 팽윤되는 정도를 측정하여 고분자의 가교 정도를 가늠할 수 있다.

제7장

고분자 구조의 규칙성

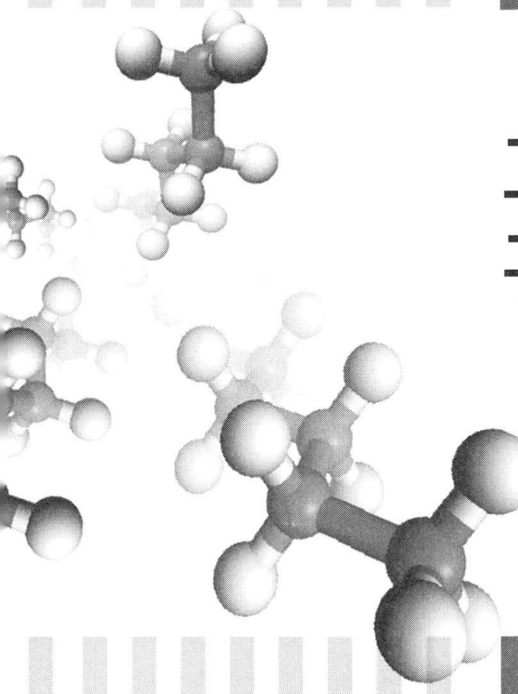

고분자 구조는 고분자의 1차 결합을 끊지 않고는 바꿀 수 없는, 고분자의 골격을 이루는 configuration과 온도 혹은 용매의 첨가 등 조건에 따라 바뀔 수 있는 conformation으로 구분된다.

분자의 입체규칙성은 고분자의 물성에 큰 영향을 미친다. 즉, 고분자가 공간을 채울 때 규칙성의 유무, 규칙성의 종류 등에 따라 밀도, 용융 온도 등이 달라지게 되고 결과적으로 기계적 성질을 비롯한 물성에 영향을 주게 된다.

노말 뷰테인(n-butane)의 분자식은 다음과 같다.

$$CH_3-\overset{*}{C}H_2-\overset{**}{C}H_2-CH_3$$

여기서 *가 있는 C를 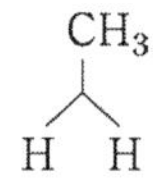 의 중심에, **가 있는 C를 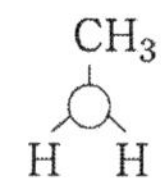 의 중심에 두면 n-butane의 분자를 옆에서 본 모양은 다음과 같은 형태일 것이다.

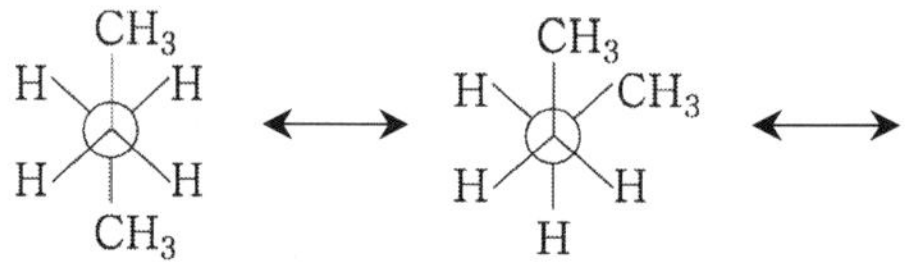

anti gauche

이 중 anti 형이 gauche 형보다 더 안정된 형태이다. 따라서 *n*-butane에 있는 4개의 탄소는 모두 한 평면상에 있을 때가 가장 안정된 상태이다.

Polyethylene은 $-CH_2-$(methylene)기가 반복되어 다음과 같은 구조로 이루어져 있다.

$$-CH_2-CH_2-CH_2-CH_2-CH_2-CH_2-CH_2-CH_2-$$

각 탄소를 따라가면 anti 형태로 존재할 확률이 높으므로 모든 탄소가 한 평면상에 있어 polyethylene 분자는 평면 zigzag의 형태로 존재하는 것이 가장 안정할 것이다.

한편, polypropylene은 side group 간의 반발로 인하여 결합을 끊지 않고는 다음과 같이 회전하여 methyl기가 반대편에 나타나도록 할 수 없다.

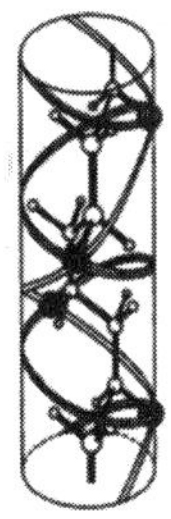

그림 7-1 Isotactic PP의 나선 구조

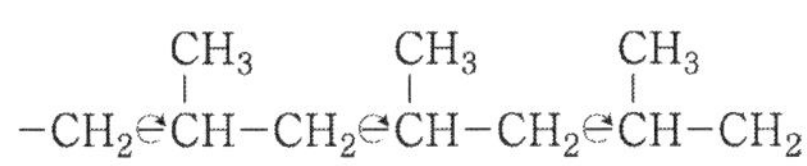

즉, polypropylene에서 side group인 methyl기가 없다면 평면 zigzag 형태로 존재하겠지만 methyl기로 인하여 한 평면에 있지 못하고 약간씩 회전하는 형태, 즉 나선(helix) 형태를 이루어 conformation(형태)으로 존재하게 된다.

Polypropylene(PP)의 methyl기가 모두 한쪽 방향으로만 있을 때 이를 isotactic PP라고 하며, methyl기가 교대로 규칙성 있게 존재하면 syndiotactic PP라고 한다. 그리고 PP의 methyl기가 불규칙적(random)으로 존재하면 atactic PP라고 분류한다. 나선의 한 바퀴를 이루는 데 필요한 PP의 반복 단위 수는 isotactic PP와 syndiotactic PP의 경우 서로 다를 것은 자명하다. Atactic PP는 규칙성이 없는 구조를 가지고 있기 때문에 특정한 helix의 conformation을 가질 수 없다.

Polyethylene의 경우는 tacticity를 따질 수 없지만, 다음과 같이 비대칭 구조를 가지는 고분자는 모두 isotactic, syndiotactic, atactic 구조를 가진다.

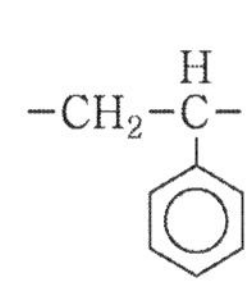

polystyrene(PS)

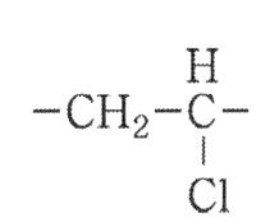

poly(vinyl chloride)

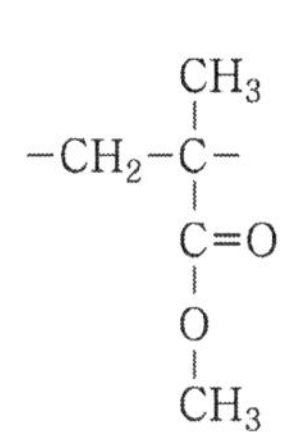

poly(methyl methacrylate)
(PMMA)

Isotactic 혹은 syndiotactic 구조를 갖는 고분자는(입체규칙성 고분자; stereo-specific polymer) 배위 중합에 의해서만 합성될 수 있다. 이는 배위 중합 과정에서 단량체가 특정한 위치로 활성점에 배위된 후 비로소 중합이 진행되기 때문이다.

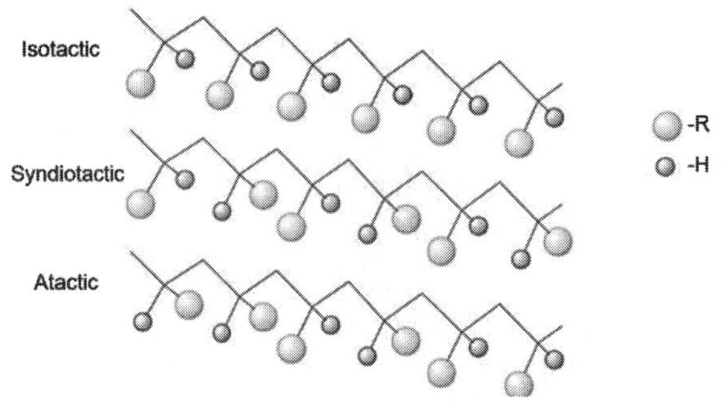

그림 7-2 고분자의 isotactic 및 syndiotactic 분자 구조

현재 isotactic PP, syndiotactic PP, isotactic PS 및 syndiotactic PS를 합성할 수 있는 배위 중합 촉매는 개발되어 있어 이들 고분자들은 상업적으로 생산되고 있다. PVC 혹은 PMMA를 입체규칙성 고분자로 합성할 수 있는 배위중합 촉매는 아직 개발되어 있지 않았다. 따라서 PVC, PMMA는 라디칼 중합으로 생산되고 있으며 PS도 대부분 라디칼 중합으로 생산되고 있다. PS를 매우 낮은 온도에서 합성하면 배위 중합 촉매를 사용하지 않고도 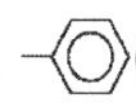(phenyl기) 사이의 반발력으로 syndiotactic PS가 합성될 수도 있으나 아주 낮은 온도에서는 중합 속도가 매우 느리며 비록 중합이 일어나더라도 syndiotactic의 분자 구조가 자주 흐트러지기 때문에 라디칼 중합으로는 입체규칙성이 높은 PS를 합성하기 어렵다.

한편, 고분자 사슬은 위에서 설명한 입체규칙성(stereoregularity)과는 다른 종류의 규칙성을 나타낼 수도 있다. Vinyl chloride의 라디칼 중합을 살펴보면 단량체는 다음과 같은 형태로 성장한다.

$$-CH_2-\overset{H}{\underset{Cl}{C}}\cdot \; + \; CH_2=\overset{H}{\underset{Cl}{C}} \longrightarrow \sim\sim CH_2-\overset{H}{\underset{Cl}{C}}-CH_2-\overset{H}{\underset{Cl}{C}}\cdot$$

(head to tail 또는 tail to head)

$$-CH_2-\overset{H}{\underset{Cl}{C}}\cdot \; + \; CH_2=\overset{H}{\underset{Cl}{C}} \longrightarrow \sim\sim CH_2-\overset{H}{\underset{Cl}{C}}-\overset{H}{\underset{Cl}{C}}-\overset{H}{\underset{H}{C}}\cdot$$

(head to head 또는 tail to tail)

Head to head 형태의 성장은 - Cl기 사이의 반발력으로 인하여 head to tail 형태의 성장보다 일어날 확률이 낮다. 고분자 사슬을 따라가면서 head to tail 형태에서 간혹 head to head 형태의 단위가 존재할 수 있는데, 이 빈도수는 side chain의 종류에 따라 달라진다. 이때 head to tail 형태가 많을수록 regiospecificity가 높다고 한다.

온도를 가하면 isotactic PP의 나선 형태가 깨지고 PP 분자가 자유롭게 움직일 수 있다. 그러나 온도를 가하더라도 isotactic PP를 syndiotactic PP 혹은 atactic PP로 만들 수는 없다. 이와 같이 고분자의 1차 결합을 끊지 않고는 분자 구조를 바꿀 수 없는 고분자의 모양을 configuration이라고 하고, 나선 형태와 같이 1차 결합을 끊지 않고도 온도나 용매의 첨가 등 조건에 따라 구조를 바꿀 수 있는 사슬의 배열 형태를 conformation이라 한다. Tacticity나 regiospecificity는 configuration에 해당하며 zigzag나 helix의 형태는 conformation에 해당한다.

제8장

결정성 고분자

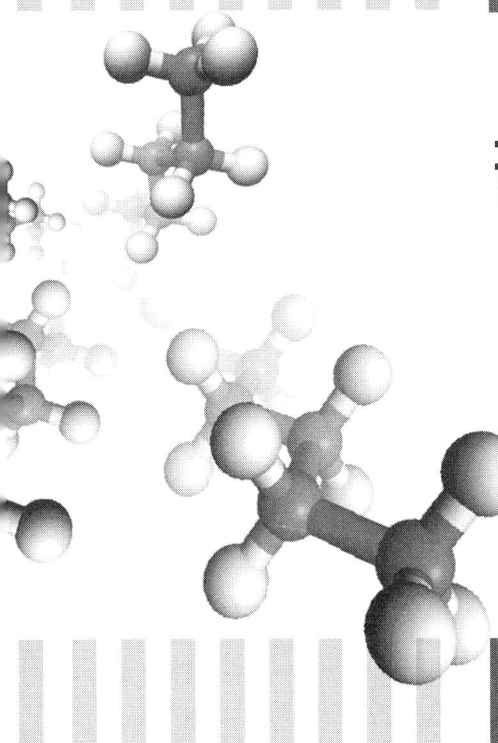

고분자의 구조가 규칙적일수록, 고분자 사이의 인력이 강할수록 고분자는 더 쉽게 결정화한다.

온도가 충분히 높아 고분자가 용융되어 있을 때, 고분자 사슬들은 뭉쳐 있는 국수 가락처럼 움직이고 있다. 이 고분자의 온도를 내려 응고 온도 이하가 되면 고분자는 열역학적으로 편안한 형태를 취하려고 한다.

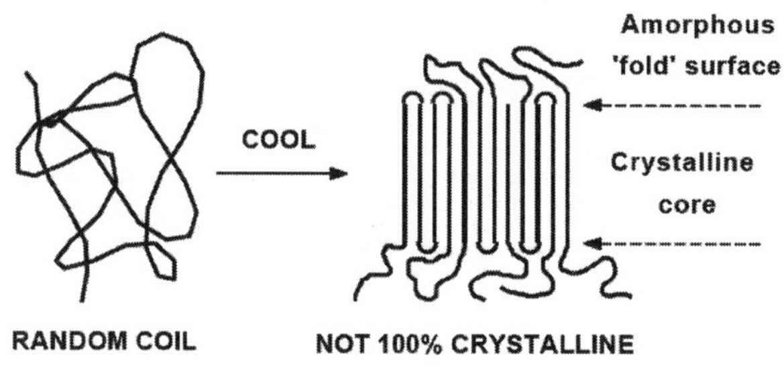

이처럼 고분자가 자유스러운 형태, 즉 random coil 상태에서 그림과 같이 가지런히 정돈되는 과정을 결정화(crystallization)라고 한다. 여기서 가지런하게 정돈된 부분은 결정을 이루고 나머지 부분은 비결정(amorphous 또는 noncrystalline) 영역이 된다.

고분자가 결정화되는 과정은 무질서도가 줄어드는 과정이므로 $\Delta S < 0$인 과정이다. 한편 고분자의 결정화 과정은 발열 과정, 즉 $\Delta H < 0$인 과정이다. 이는 고분자가 결정화되면 분자들끼리 서로 가까워져 밀도가 증가하기 때문이다(수증기가 물이 되어 분자 간의 간격이 좁혀지는 응축 과정도 역시 발열 과정이다). 이때 발열된 열을 결정화 열(heat of crystallization)이라고 한다. 고분자의 분자 구조가 규칙적일수록 결정화는 더 쉽게 일어나며, 결과적으로 결정화도(degree of crystallinity)가 더 높다.

Polyethylene(PE)은 다음 그림과 같이 고분자 사슬이 매우 규칙적인 반면, poly(ethylene terephthalate)(PET)는 PE에 비하여 규칙성이 떨어진다.

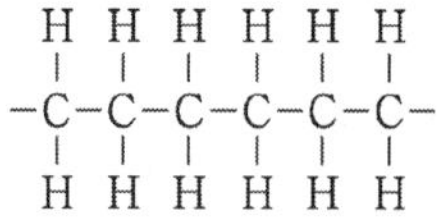

PE

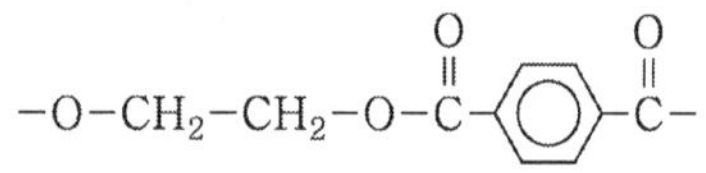

PET

따라서 PE의 결정화가 PET보다 더 용이하게 일어난다.

또한 isotacticity 혹은 syndiotacticity가 높은 고분자, 즉 입체규칙성이 높은 고분자는 쉽게 결정화할 수 있으며, atactic 고분자는 결정화할 수 없기 때문에 비결정성 고분자가 된다.

Ethylene을 배위 중합하면 곁가지가 거의 없는 선형의 PE(linear polyethylene)가 합성되며, ethylene을 라디칼 중합하면 짧은 곁가지와 긴 곁가지가 많이 붙은 나뭇가지 모양의 PE가 합성된다. 선형의 PE는 folded chain conformation을 쉽게 취할 수 있기 때문에 결정화하기 쉽다. 따라서 결정화도가 높으며 밀도가 높은 고밀도 PE(HDPE)가 된다. 반면 곁가지가 있는(분지형, branched) PE는 folded chain conformation을 하기 어렵기 때문에 결정화도가 낮고, 따라서 밀도가 낮은 저밀도 PE(LDPE)가 된다.

LDPE는 영국의 ICI 사에서 우연히 발명된 고분자이다. ICI 연구진들은 고압 장치를 이용하여 ethylene gas가 압력이 높은 상태에서 어떤 성질을 가지는가를 연구하고 있었다. 그런데 이상하게도 때때로 에틸렌 가스가 합쳐져 흰색의 고분자가 생성되는 것이 관찰되었다. 그러나 이 중합 반응은 다시 해 보려면 잘 되지 않았다. 연구진은 원래의 연구목표에서 벗어나 왜 어떤 때에는 흰색 고분자가 생기고, 어떤 때에는 생기지 않는지를 밝히기로 하였다. 많은 노력 끝에 새로 들여온 고압 용기에 아주 작은 깨진 틈이 있는 것을 발견하였다. 이 틈으로 산소가 알맞게 스며들었을 때 에틸렌 가스가 중합됐던 것이다. 그러나 알맞은 양이 얼마만큼인지 알아내는 것은 그리 쉬운 일이 아니었다. 산소를 너무 적게 넣으면 중합이 잘 진행되지 않았고 또 너무 많이 넣어 공장 전체가 폭발하는 재난을 겪기도 했다. 새로운 공정의 개발과 새로운 제품의 개발 뒤에는 이렇듯 항상 피와 땀의 역사가 숨어 있는 것이다.

이러한 과정을 겪어 완성된 LDPE 제조법은 ethylene을 250°C, 2500기압의 고압에서 중합하는 것으로, 산소 혹은 유기 과산화물을 반응 개시제로 하여 라디칼 중합하여 합성된다. 이때 polyethylene의 성장하는 라디칼이 다른 polyethylene 분자에 연쇄 이동(chain transfer)되어 다른 polyethylene 분자에 라디칼을 발생시키면, 여기서 ethylene이 계속 중합될 수 있으므로 긴 곁가지(장쇄 분지, long chain branch)가 생성된다.

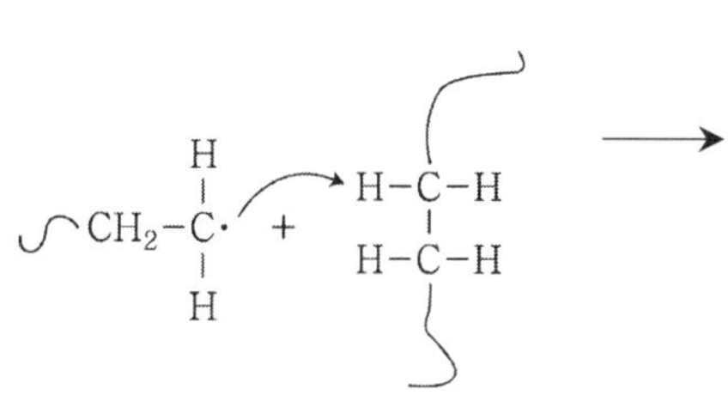

연쇄 이동

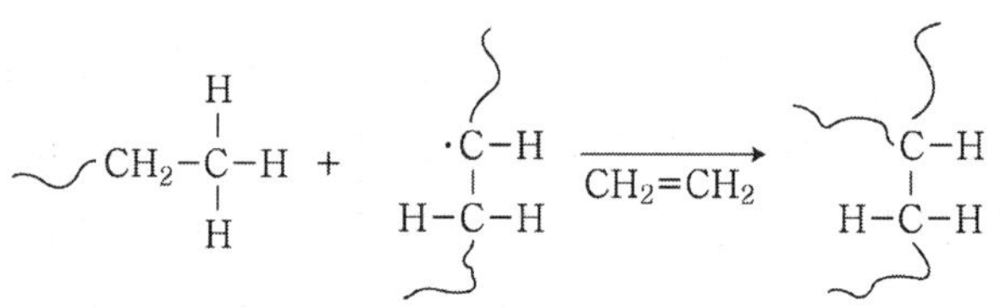

즉, 분자간 연쇄 이동(intermolecular chain transfer)에 의하여 긴 곁가지가 생성된다.

한편, 다음 그림과 같이 polyethylene의 성장하는 라디칼이 분자 자체 내로 연쇄 이동되어 라디칼이 발생하고, 여기에 ethylene이 계속 중합되면 짧은 곁가지(단쇄 분지, short chain branch)가 생성된다. 즉, 분자내 연쇄 이동(intramolecular chain transfer)에 의해 라디칼이 이동하면서 ethylene을 중합하면 짧은 곁가지가 생성된다.

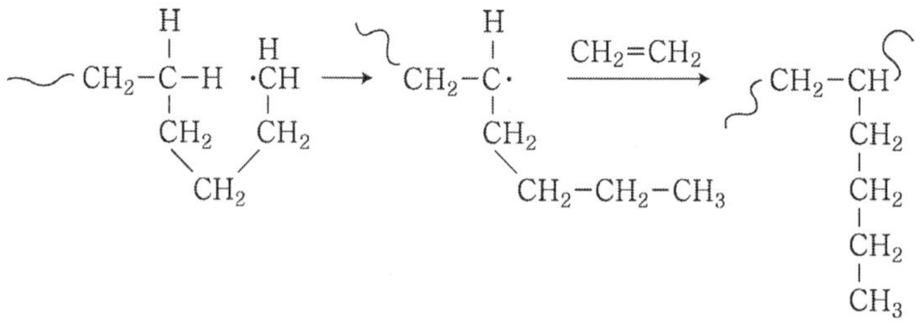

LDPE의 긴 곁가지의 수는 LDPE 분자 1개에 2~6개 정도밖에 되지 않지만 짧은 곁가지는 이보다 훨씬 많은 수로 존재한다.

LDPE의 생산은 고압법에 의해 이루어지기 때문에 반응장치에 높은 동력의 압축기를 필요로 한다. 따라서 LDPE를 생산하는 공장의 초기 투자비는 저압법이나 중압법에 의한 HDPE 생산 공장의 경우와 비교할 때 훨씬 높다. LDPE 생산 과정에서는 온도 조절이 매우 중요한데, 반응 온도를 엄격히 조절하지 않아 ethylene의 분해 온도인 300°C 근방으로 반응기 온도가 상승하면 반응기의 압력이 급격히 상승하여 안전판이 터질 수 있다. 실제로 LDPE를 생산하는 공장에 가면 간혹 '대포 소리가 날 수 있지만 놀라지 마시오'라는 안내문이 붙어 있는 것을 볼 수 있다.

20~30년 전에는 LDPE 생산 공장에서 이러한 '대포 소리'를 자주 들을 수 있었다. 이렇게 반응기를 잘못 조절하면 생산 공장을 정지시키고 반응기를 청소한 후

표 8-1 LDPE와 HDPE의 물성 비교

특 성	LDPE	HDPE
밀도(g/cm^3)	0.92	0.96
인장 강도(kgf/cm^2)	114	217
연화 온도(℃)	90	120
용융점(℃)	110	130
투명도	투명	반투명

다시 start-up해야 하기 때문에 생산량이 줄 뿐만 아니라 품질이 떨어지는 제품이 대량 발생하여 생산 공장의 경쟁력이 떨어지게 된다. 최근에는 반응기를 잘 조절할 수 있는 공정이 개발되어 LDPE 공장에서 대포 소리 안내문이 잘 보이지 않는다. 한편, 선형인 PE는 ethylene을 배위 중합 촉매로 중합할 때 합성된다. 선형인 PE는 결정화하기 쉬우므로 결정화도가 높고, 따라서 밀도가 높은 PE(HDPE)가 된다. HDPE는 밀도가 0.941~0.965 g/cm^{3}로 높으며 저압법 혹은 중압법으로 생산된다.

저압법은 Ziegler-Natta 촉매를 이용하여 ethylene을 60~80°C, 10기압 내외의 압력으로 중합함으로써 HDPE를 생산하며, 중압법은 Phillips 촉매를 이용하여 ethylene을 100~170°C, 20~40기압의 반응 조건에서 중합함으로써 HDPE를 생산한다. Standard 촉매를 사용하는 경우에는 230~270°C, 70기압 정도의 반응 조건으로 HDPE를 생산한다.

표 8-1은 LDPE와 HDPE의 물성을 비교하여 나타낸 것이다. 이 표에서 볼 수 있듯이 HDPE는 LDPE보다 결정화도가 높기 때문에 밀도가 높으며, 인장 강도와 굴곡 강도가 더 높은 반면 투명도는 낮다. LDPE는 투명도가 높으므로 농업용 비닐하우스 용도에 사용되며, HDPE는 인장 강도가 크므로 필름의 두께가 얇아도 충분한 강도를 나타낼 수 있어 플라스틱 제품의 제조 시 사용량을 줄일 수 있으므로 슈퍼마켓의 쇼핑용 백이나 농촌의 멀칭 필름 등 투명도가 요구되지 않는 용도로 사용된다. LDPE가 밀도가 낮고 투명한 것은 LDPE 분자에 곁가지가 많아 결정화도가 낮기 때문이다. LDPE의 곁가지 중 긴 곁가지는 결정화도를 크게 낮추지 못하는 반면 짧은 곁가지는 결정화도를 효과적으로 낮춘다.

Ethylene에 1-butene, 1-hexene 또는 1-octene을 혼합하고 HDPE를 생산하는 배위 중합용 촉매로 중합하면 다음과 같이 $-CH_2-CH_3$(ethyl), $-CH_2-CH_2-CH_2-CH_3$ (n-butyl), $-CH_2-CH_2-CH_2-CH_2-CH_2-CH_3$(n-hexyl)의 짧은 곁가지를 가진 중합체가 생성된다.

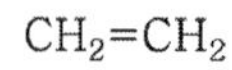

(ethylene)

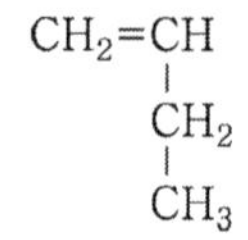

(1-butene)

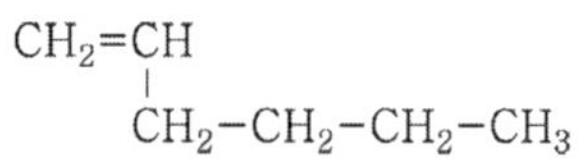

(1-hexene)

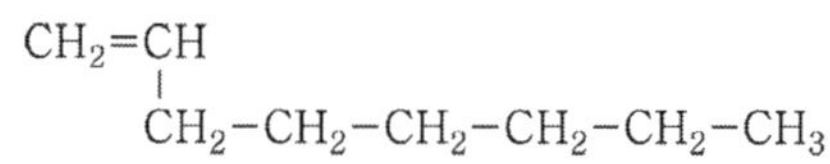

(1-octene)

이와 같이 두 가지 이상의 단량체를 혼합하여 중합하는 것을 공중합(copolymerization)이라고 하며, 이때 생성되는 중합체를 공중합체(copolymer)라고 한다. 반면에 단량체를 한 종류만 중합하면 단일 중합(homopolymerization)이라고 하며, 이때 생성되는 중합체를 단일 중합체(homopolymer)라고 한다.

1-butene, 1-hexene, 1-octene을 α-olefin이라 부르는데, ethylene과 α-olefin의 공중합체 내 α-olefin 단위체의 함량이 높아질수록 공중합체의 결정화도가 감소하며 공중합체의 밀도가 줄어든다. 배위 중합 촉매에 의한 ethylene 단일 중합일 경우 HDPE가 생성되지만 α-olefin의 첨가량이 많아짐에 따라 MDPE(medium density polyethylene), LLDPE(linear low density polyethylene), VLDPE(very low density polyethylene), ULDPE(ultra low density polyethylene)와 같이 밀도가 점점 더 낮은 공중합체가 합성된다. VLDPE와 ULDPE는 결정성이 거의 없는 고무 성질을 띠는 고분자이다.

제9장

고분자의 열적 성질

고분자는 T_g 이하에서 완전히 얼어붙어 이동을 할 수 없으나, T_m 이상에서는 매우 자유롭게 이동할 수 있기 때문에 고분자는 유동성을 가진다.

온도가 낮으면 고분자는 유리(glass)와 같이 딱딱한 플라스틱 성질을 갖는데, 이는 낮은 온도에서 고분자 사슬의 운동성이 크게 둔화되어 이동하지 못하기 때문이다. 온도를 서서히 올리면 고분자가 국지적으로 움직일 수 있어 확산에 의한 고분자의 이동이 가능하게 된다. 이처럼 고분자 사슬의 골격(backbone)의 일부분인 segment가 움직일 수 있는 온도를 유리 전이 온도(glass transition temperature, T_g)라고 한다.

이 온도에 도달하면 딱딱한 플라스틱 성질을 가지던 고분자가 인조 가죽과 같이 유연한 물성을 가지게 되어, T_g 이하의 온도일 때에 비하여 1,000배 정도 작은 힘으로도 시편을 같은 정도로 변형시킬 수 있게 된다. 따라서 고분자의 T_g가 실온보다 높으면 그 고분자는 실온에서 딱딱한 플라스틱 성질을, T_g가 실온보다 많이 낮은 고분자는 실온에서 고무와 같이 유연한 물성을 보인다. T_g가 실온 부근이면 딱딱하지도 않고 너무 쉽게 늘어나지도 않는 가죽(leather)의 성질을 나타낸다. 표 9-1에 몇몇 고분자의 T_g를 나타내었다.

한편, 온도가 상승함에 따라 고분자의 결정이 용융되는데 이 온도를 용융 온도(melting temperature, T_m)라 한다. 결정성이 높은 고분자일수록 용융되는 과정에서 더 많은 열을 흡수하며, 비결정성 고분자의 경우에는 용융 온도가 관찰되지 않는다.

고분자의 기계적 성질은 T_g와 T_m에 의해 크게 변하므로, 고분자의 T_g와 T_m을 정확히 측정하는 것은 매우 중요하다. 고분자의 T_g와 T_m을 측정하는 방법으로는 대표적으로 DSC(differential scanning calorimetry)를 이용하는 것이 있다. DSC는 온도가 변화함에 따라 시료의 발열 및 흡열량을 측정하는 분석 장비로, 결정성 고분자의 DSC 분석 결과를 모식적으로 나타내면 다음과 같다. 그림의 x축은 온도의 변화이며 y축은 heat flow이다.

표 9-1 고분자의 유리 전이 온도

고분자	유리 전이 온도 (℃)
천연고무	−65 ~ −75
Polyethylene	−50
Polypropylene	5
Poly(vinyl chloride)	80
Polystyrene	100
Poly(vinyl acetate)	30
Nylon 6	50
Poly(methyl methacrylate)	105

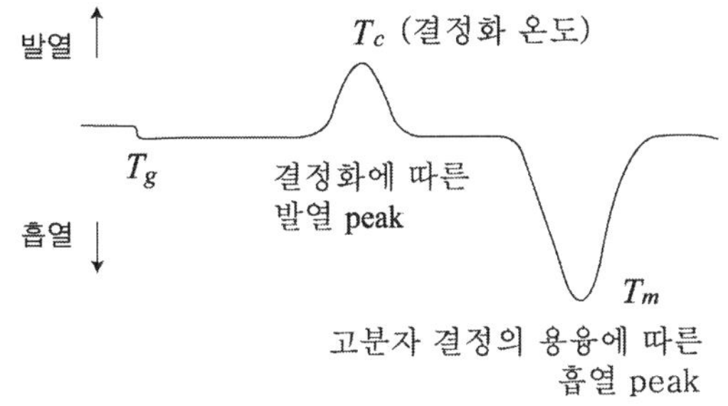

한편, 고분자의 연화 온도(softening point, T_f)를 정의할 수 있는데, 연화 온도는 온도가 상승함에 따라 고분자가 유연해지는 온도를 기계적인 방법으로 측정한 것이다. 비결정성 고분자의 경우에는 T_g와 비슷하지만 결정성 고분자의 경우에는 $T_g < T_f < T_m$이다.

제10장

고분자의 결정화

고분자의 결정화는 핵이 생성되는 과정과 그 후 결정이 성장하는 두 가지 과정으로 이루어진다.

결정성 고분자는 용융 온도 이상의 높은 온도에서는 분자의 운동이 너무 활발하여 결정화를 이룰 수 없다. 온도를 낮추어 용융 온도(T_m)에 도달하면 이론적으로 고분자의 결정화가 가능하나, 실질적으로 고분자의 용융점보다 더 낮은 온도에 도달해야 결정화가 가능하다. 비결정성 고분자의 경우 어떠한 추가적인 공정에 의해서도 결정화를 유도할 수 없다.

고분자의 결정화는 고분자 사슬이 정렬된 구조가 만들어지는 과정이므로 엔트로피가 감소하는 과정이며($\Delta S < 0$), 밀도가 증가하며 발열 과정($\Delta H < 0$)이다. 고분자의 결정화 과정에서 발열되는 열량을 결정화 열(heat of crystallization, ΔH_c) 이라 한다.

Gibbs의 자유 에너지 $\Delta G = \Delta H - T\Delta S$가 음(−)일 때 그 과정이 자발적으로 일어나므로 고분자의 결정화는 열역학적 측면에서 볼 때 온도가 낮을수록 유리하다.

그러나 온도가 낮을수록 고분자의 움직임이 둔해지므로 속도론적인 측면에서 보면 고분자의 결정화가 더 불리해진다. 유리 전이 온도(T_g) 이하에서는 고분자 사슬의 움직임이 제한적이라서 고분자의 translational motion이 불가능하므로 결정화할 수 없다. 따라서 고분자의 결정화는 온도가 높은 T_m 이상에서는 전혀 진행되지 않으며 T_g 이하에서도 일어날 수 없다. 즉, T_m과 T_g 사이에 결정화가 가장 빠르게 진행되는 온도가 존재하는데, 이 온도를 결정화 온도(crystallization temperature, T_c) 라고 한다.

고분자의 결정화 과정을 살펴보면 핵이 생성(nucleation)되는 과정과 그 후 성장(growth)하는 두 가지 과정으로 이루어진다. 용융 상태에서 고분자의 결정화는 구정(spherulite)이 생성되는 과정이다. 이 구정 내에는 결정도 있지만 비결정도 일부 포함되어 있다. 구정의 핵이 생성되고 성장하여 이웃 구정과 충돌하게 됨으로써 성장이 정지하는 과정을 1차 결정화(primary crystallization)라고 한다. 그리고 성장이 정지된 구정 내의 비결정 부분이 계속 결정화하여 구정의 내부가 더 치밀한 구조로 되는 과정을 2차 결정화(secondary crystallization)라고 한다.

고분자를 T_m에서 서랭(slow cooling)시키면 T_g까지 온도를 낮추는 데 시간이 많이 걸리므로 고분자가 translational motion을 하여 결정화하기에 충분한 시간이 주어진다. 그런데 이 서랭 과정에서는 결정화가 주로 높은 온도에서 이루어지기 때문에 결정의 핵이 생성되는 속도보다 결정의 성장 속도가 빨라 적은 수의 큰 구정이 생성된다.

한편 T_m보다 높은 온도에서 T_g 이하의 온도로 급랭(quenching)시키면, T_g 이하의 온도에서는 고분자가 얼어붙기 때문에 결정이 거의 없는 고분자를 만들 수 있다.

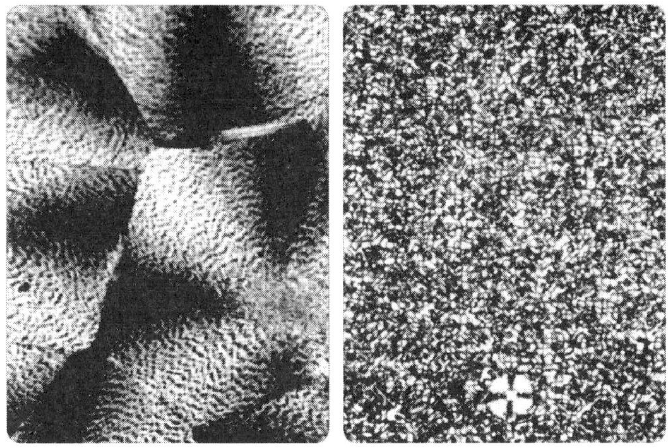

(a) (b)

그림 10-1 PHB 구정의 모습

급랭하는 방법으로는 고분자의 결정화 속도에 따라 액체 질소나 드라이아이스, 또는 찬물을 이용한다.그 다음에 다시 온도를 T_g 이상으로 올리면 얼어붙었던 고분자의 translational motion이 가능해져 결정화할 수 있는데, 이때의 결정화를 냉결정화(cold crystallization)라고 하며, 저온에서 이루어지므로 핵의 생성 속도가 결정의 성장 속도보다 빨라 많은 수의 작은 구정이 생성된다.

그림 10-1은 미생물에 의하여 분해될 수 있는 poly(3-hydroxybutyrate) (PHB)의 구정 모양이다. 그림 10-1(a)는 PHB를 용융시킨 후 서랭하였을 때 구정의 모습이며, 그림 10-1(b)는 용융된 PHB를 급랭한 후 낮은 온도에서 결정화시켰을 때 구정의 모습이다.

그림 10-2는 Polyamide 6.6을 용융 온도 이상의 온도에서 결정화 온도로 급랭한 후 결정화 온도에서 시간에 따라 구정이 성장하는 모습을 관찰한 것이다. 한편, 결정화가 가능한 특정 온도에서 일정 시간 동안 결정화 할 경우 결정의 추가적인 성장과 결정 구조의 완벽도가 좋아지는 효과를 얻을 수 있는데, 이 같은 결정화 과정을 등온 결정화(isothermal crystallization) 과정이라고 한다. 그림 10-2는 Polyamide를 용융 온도에서 결정화 온도로 급랭한 후 결정화 온도에서 구정이 성장한 것을 편광 현미경(polarized optical microscopy, POM)로 관찰한 것이며, 그림의 흰 영역이 구정의 모습이다. 등온 결정화 시간을 늘릴수록 그림의 흰 영역인 PP 구정 영역이 커진다. 즉, 결정화 시간에 따라 결정은 성장한다.

고분자 용액 내에서도 결정화가 가능한데 이 경우 결정성 고분자를 용매에 녹인 후, 용액의 온도를 낮추면 용해도가 감소하므로 고분자가 결정 상태로 석출된다. 이때 고분자 용액의 농도가 매우 낮고 냉각 속도를 매우 느리게 하면 고분자 단결

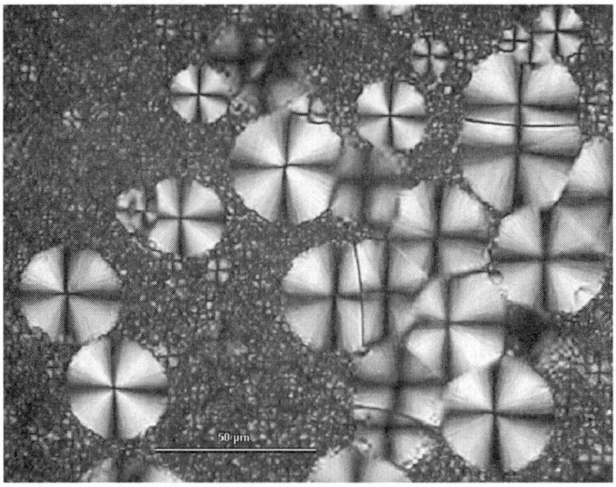

그림 10-2 Polyamide 구정의 모습
(출처: Salino01, CC BY-SA 3.0, Wikimedia Commons)

정이 석출되는데 고분자 단결정은 두께 100~200 Å의 얇은 판(라멜라, lamella) 형태로 성장한다. 이때 고분자 사슬의 길이는 대개 1000 Å 수준이어서 라멜라 단결정의 두께보다 길기 때문에 사슬 굽힘(chain folding)이 일어난다.

그림 10-3은 용액 상태에서 형성시킨 HDPE의 단결정 모습이다. HDPE의 가장 안정된 conformation은 planar zigzag이며 lamellar 단결정 내에서 HDPE 사슬이 folding 되는 전과 후의 zigzag plane은 그림 10-3과 같이 서로 수직 방향이다.

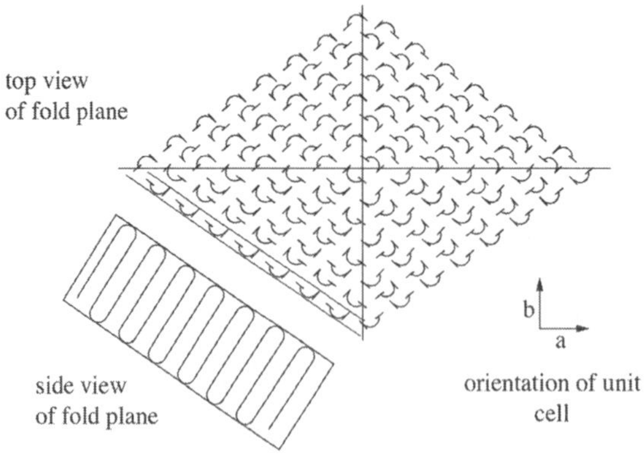

그림 10-3 HDPE의 단결정
[J. Appl. Phys., 31, 1916(1960)]

그림 10-4는 lamellar 구조에서 사슬의 굽힘(folding)이 일어날 수 있는 세 가지 모형을 보여 주고 있다. 고분자 사슬의 굽힘을 통하여 lamella를 형성하는 것은 주

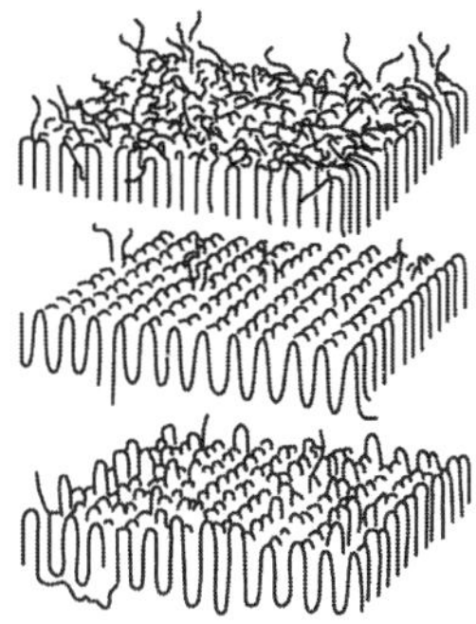

그림 10-4 고분자 단결정의 라멜라 구조의 개략도. A: nonadjacent reentry, B: regular adjacent reentry, C: irregular adjacent reentry

어진 시간에 좀 더 많은 영역에서 결정화를 이루기 위하여 나타나는 현상이다. Lamellar 내부에 존재하는 고분자와는 달리 lamellar 표면에 존재하는 굽어진(folded) 고분자 사슬은 비결정성 영역에 속할 확률이 높다.

고분자 용액의 농도가 높을 때 용액 상태에서 냉각 과정을 거치면서 생성된 고분자의 결정은 여러 lamellae가 한 점을 중심으로 방사형으로 퍼져 나가면서 마이크로미터 크기의 구정의 형태로 성장한다. 구정의 크기가 클 경우 구정에 의하여 빛이 산란되어 시료가 전체적으로 뿌옇게 보이고, 구정의 크기가 빛의 파장보다 작으면 시료의 투명도가 증가한다.

따라서 결정성 고분자를 투명하게 하려면 용융된 상태에서 급랭하여 낮은 온도에서 결정화가 일어나도록 유도함으로써 많은 수의 작은 구정이 생성되도록 해야 한다. 예로, 생수병을 결정성 속도가 늦은 결정성 고분자인 PET로 제조할 때, 투명한 PET병을 만들려면 용융된 PET를 차가운 금형(mold) 속으로 사출(injection)하여 급랭(quenching)시킴으로써 결정화를 억제하여 비결정 상태의 프리폼(preform)을 만든 후, 낮은 온도로 가열하여 냉결정화를 통하여 작은 구정이 생기도록 한 상태에서 병 모양으로 공기를 불어 넣어 팽창시켜야(blowing) 한다.

용융된 고분자를 필름 형태로 만드는 die(용융된 고분자가 특정한 모양으로 압출되도록 하는 성형 틀)를 통과시켜 공기 중에서 냉각시키면 냉각 속도가 느리므로 결정이 성장할 수 있는 충분한 시간이 주어지며, 구정의 크기가 큰 필름이 만들어져 뿌연 플라스틱이 된다. 따라서 투명한 필름을 만들려면 die를 통과한 용융 고분자 필름을 찬물이나 찬 roller를 통과하도록 하여 급랭시킨 후 저온에서 결정화되도록 해야 한다. 그러나 저온에서는 결정화가 매우 느리게 일어나므로 PET병을 상업적으로 생산할 때는 결정화 속도를 높이기 위하여 기핵제(nucleating agent)를 사용하고 있다.

고분자 주쇄의 configuration이 규칙적이고 대칭적일수록 결정화 속도가 빠르기 때문에 HDPE가 isotactic PP보다 더 빠른 결정화 속도를 나타낸다. Nylon은 주쇄가 structural unit 간의 축합 반응으로 구성되어 있어서 부가 중합체와 비교하여 대칭성이 떨어지지만, 반복 단위 내에 존재하는 수소 결합과 π-π 인력에 의하여 강한 분자간(intermolecular) 및 분자내 인력(intramolecular interaction)이 존재하여 비교적 높은 결정화 속도를 나타낸다.

고분자의 결정화는 주로 용융 상태에서 진행되기 때문에 희박 용액 상태와는 다르게 100% 결정화를 이루기 어려워 HDPE의 경우에도 대개 60~70% 수준 이상의 결정화도(degree of crystallinity)를 나타내기 어렵다.

제 11 장

고분자의 분자량

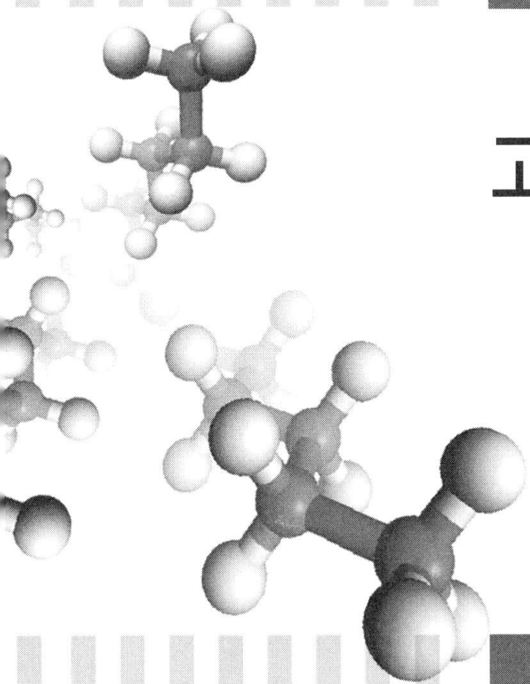

고분자는 길이가 다른 긴 사슬 분자들로 이루어져 있기 때문에 고분자의 분자량은 평균 분자량으로 나타낸다.

한 학급에 10명의 학생이 있다고 할 때, 10명의 키가 다음과 같다고 하자(단위: cm).

168(1명), 172(2명), 176(3명), 177(3명), 178(1명)

15명의 학생 중 한 학생을 지적했을 때 그 학생의 키가 168, 172, 176, 177, 178일 확률은 각각 1/10, 2/10, 3/10, 3/10, 1/10이다. 여기서 각각의 키에 그 키를 가진 학생이 선정될 확률을 곱하여 모두 합하면 이 학급 학생의 평균 키가 계산된다.

$$\begin{aligned}\text{평균 키(cm)} &= 168 \times \frac{1}{10} + 172 \times \frac{2}{10} + 176 \times \frac{3}{10} + 177 \times \frac{3}{10} + 180 \times \frac{1}{10} \\ &= 175.1\end{aligned}$$

공기는 N_2 79 mol%와 O_2 21 mol%로 구성되어 있다. 공기의 평균 분자량은

$$\begin{aligned}&N_2\text{의 분자량} \times \frac{N_2\text{의 분자수}}{\text{전체 분자수}} + O_2\text{의 분자량} \times \frac{O_2\text{의 분자수}}{\text{전체 분자수}} \\ &= 28 \times \frac{0.79\ \text{mol}}{1\ \text{mol}} + 32 \times \frac{0.21\ \text{mol}}{1\ \text{mol}} = 28.84\end{aligned}$$

이다. 이때 공기의 평균 분자량은 수평균 분자량이다. 왜냐하면 분자 수를 기준으로 하여 평균 분자량을 계산하였기 때문이다. 앞의 학생들의 평균 키도 수평균 키에 해당한다.

공기의 중량 평균 분자량은 중량을 기준으로 하는 평균 분자량으로, 다음과 같이 구할 수 있다.

$$\begin{aligned}\text{공기의 중량 평균 분자량} &= N_2\text{의 분자량} \times \frac{N_2\text{의 중량}}{\text{전체 중량}} \\ &+ O_2\text{의 분자량} \times \frac{O_2\text{의 중량}}{\text{전체 중량}}\end{aligned}$$

공기 1 mol 속에는 0.21 mol의 O_2($32 \times 0.21 = 6.72$ g)과 0.71 mol의 N_2($28 \times 0.79 = 22.12$ g)가 포함되어 있으므로

$$\text{공기의 중량 평균 분자량} = 28 \times \frac{22.12}{28.84} + 32 \times \frac{6.72}{28.84} = 28.93$$

과 같이 계산할 수 있다.

중합도(degree of polymerization)란 고분자 내에 결합되어 있는 monomer 단위체(structural unit)의 수이다. monomer 단위체의 분자량(structural unit의 평균 분자

량)을 W라 하자.

Polyethylene의 경우를 예로 들면 monomer 단위체는 $-CH_2-CH_2-$이므로 $W=28$

이며, PET의 경우에는 반복 단위가 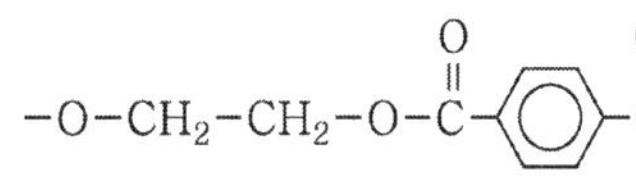 이므로

structural unit의 평균 분자량은

$$W=\frac{60+132}{2}=96$$

과 같이 계산된다.

다음과 같은 고분자가 있다고 하면

중합도	분자량	분자수	분자의 중량
D_1	$M_1(D_1W)$	N_1	M_1N_1/N_{av} (D_1WN_1/N_{av})
D_2	$M_2(D_2W)$	N_2	M_2N_2/N_{av} (D_2WN_2/N_{av})
D_3	$M_3(D_3W)$	N_3	M_3N_3/N_{av} (D_3W_{31}/N_{av})
⋮	⋮	⋮	⋮
D_n	$M_n(D_nW)$	N_n	M_nN_n/N_{av} (D_nWN_n/N_{av})

전체 분자 수는 다음과 같으며

$$N_t=\sum_{i=1}^{\infty}N_i \quad \left(\frac{1}{N_{av}}\sum_{i=1}^{\infty}N_i\ \mathrm{g\ mole}\right)$$

전체 분자의 무게는 다음과 같다.

$$W_t=\frac{1}{N_{av}}\sum_{i=1}^{\infty}M_i\,N_i=\frac{1}{N_{av}}\sum_{i=1}^{\infty}D_i\,WN_i$$

예제 1

스테인리스스틸로 된 구슬의 지름과 개수가 다음과 같을 때 이 구슬들의 수평균 지름과 중량 평균 지름을 구하라.

지름	개수	구슬의 중량
D_1	N_1	$\frac{4}{3}\pi\left(\frac{D_1}{2}\right)^3\rho N_1$
D_2	N_2	$\frac{4}{3}\pi\left(\frac{D_2}{2}\right)^3\rho N_2$
D_3	N_3	$\frac{4}{3}\pi\left(\frac{D_3}{2}\right)^3\rho N_3$
⋮	⋮	⋮
D_i	N_i	$\frac{4}{3}\pi\left(\frac{D_i}{2}\right)^3\rho N_i$

풀이

구슬의 밀도를 ρ라고 하면 구슬의 중량은 위 표에 나타낸 것과 같다. 따라서 수평균 지름은

$$\overline{D_n} = D_1\frac{N_1}{\sum_{i=1}^{n} N_i} + D_2\frac{N_2}{\sum_{i=1}^{n} N_i} + \cdots + D_n\frac{N_n}{\sum_{i=1}^{n} N_i} = \frac{\sum_{i=1}^{n} D_i N_i}{\sum_{i=1}^{n} N_i}$$

중량 평균 지름은

$$\overline{D_w} = D_1\frac{\frac{4}{3}\pi\left(\frac{D_1}{2}\right)^3\rho N_1}{\frac{4}{3}\pi\rho\sum_{i=1}^{n}\left(\frac{D_i}{2}\right)^3 N_i} + D_2\frac{\frac{4}{3}\pi\left(\frac{D_2}{2}\right)^3\rho N_2}{\frac{4}{3}\pi\rho\sum_{i=1}^{n}\left(\frac{D_i}{2}\right)^3 N_i} + \cdots$$

$$+ D_n \frac{\frac{4}{3}\pi\left(\frac{D_n}{2}\right)^3 \rho N_n}{\frac{4}{3}\pi\rho\sum_{i=1}^{n}\left(\frac{D_i}{2}\right)^3 N_i} = \frac{\sum_{i=1}^{n} D_i^{\,4} N_i}{\sum_{i=1}^{n} D_i^{\,3} N_i}$$

과 같다.

예제 2

수평균 분자량이 M_{n1}이며 중량 평균 분자량이 M_{w1}인 폴리에틸렌 A w_1 g과 수평균 분자량이 M_{n2}이며 중량 평균 분자량이 M_{w2}인 폴리에틸렌 B w_2 g을 혼합하였을 때 혼합물의 수평균 분자량이 M_n와 중량 평균 분자량 M_w가 다음과 같이 표현됨을 증명하라.

$$M_n = \frac{w_1 + w_2}{\frac{w_1}{M_{n1}} + \frac{w_2}{M_{n2}}}$$

$$M_w = \frac{w_1 M_{w1} + w_2 M_{w2}}{w_1 + w_2}$$

풀이

폴리에틸렌 A의 중량 $w_1 = \frac{1}{N_{av}}\sum_{i=1}^{\infty} M_{i1}N_{i1}$

폴리에틸렌 B의 중량 $w_2 = \frac{1}{N_{av}}\sum_{i=1}^{\infty} M_{i2}N_{i2}$

$$M_{n1} = \frac{\sum_{i=1}^{\infty} M_{1i}N_{1i}}{\sum_{i=1}^{\infty} N_{1i}} = \frac{\frac{1}{N_{av}}\sum_{i=1}^{\infty} M_{1i}N_{1i}}{\frac{1}{N_{av}}\sum_{i=1}^{\infty} N_{1i}} = \frac{w_1}{\frac{1}{N_{av}}\sum_{i=1}^{\infty} N_{1i}}$$

$$M_{n2} = \frac{w_2}{\frac{1}{N_{av}}\sum_{i=1}^{\infty} N_{2i}}$$

따라서

$$\frac{1}{N_{av}}\sum_{i=1}^{\infty}N_{1i}=\frac{w_1}{M_{n1}}$$

$$\frac{1}{N_{av}}\sum_{i=1}^{\infty}N_{2i}=\frac{w_2}{M_{n2}}$$

그러므로

$$M_n=\frac{\sum_{i=1}^{\infty}M_{1i}N_{1i}+\sum_{i=1}^{\infty}M_{2i}N_{2i}}{\sum_{i=1}^{\infty}N_{1i}+\sum_{i=1}^{\infty}N_{2i}}=\frac{\frac{1}{N_{av}}\sum_{i=1}^{\infty}M_{1i}N_{1i}+\frac{1}{N_{av}}\sum_{i=2}^{\infty}M_{2i}N_{2i}}{\frac{1}{N_{av}}\sum_{i=1}^{\infty}N_{1i}+\frac{1}{N_{av}}\sum_{i=1}^{\infty}N_{2i}}$$

$$=\frac{w_1+w_2}{\frac{w_1}{M_{n1}}+\frac{w_2}{M_{n2}}}$$

$$M_{w1}=\frac{\sum_{i=1}^{\infty}M_{1i}^2N_{1i}}{\sum_{i=1}^{\infty}M_{1i}N_{1i}}=\frac{\frac{1}{N_{av}}\sum_{i=1}^{\infty}M_{1i}^2N_{1i}}{\frac{1}{N_{av}}\sum_{i=1}^{\infty}M_{1i}N_{1i}}=\frac{\frac{1}{N_{av}}\sum_{i=1}^{\infty}M_{1i}^2N_{1i}}{w_1}$$

$$M_{w2}=\frac{\sum_{i=1}^{\infty}M_{2i}^2N_{2i}}{\sum_{i=1}^{\infty}M_{2i}N_{2i}}=\frac{\frac{1}{N_{av}}\sum_{i=1}^{\infty}M_{2i}^2N_{2i}}{\frac{1}{N_{av}}\sum_{i=1}^{\infty}M_{2i}N_{2i}}=\frac{\frac{1}{N_{av}}\sum_{i=1}^{\infty}M_{2i}^2N_{2i}}{w_2}$$

따라서

$$\mathrm{M_w}=\frac{\sum_{i=1}^{\infty}\mathrm{M_{1i}}^2\mathrm{N_{1i}}+\sum_{i=1}^{\infty}\mathrm{M_{2i}}^2\mathrm{N_{2i}}}{\sum_{i=1}^{\infty}\mathrm{M_{1i}\ N_{1i}}+\sum_{i=1}^{\infty}\mathrm{M_{2i}\ N_{2i}}}=\frac{\mathrm{w_1M_{w1}+w_2M_{w2}}}{\mathrm{w_1+w_2}}$$

$$M_w=\frac{\sum_{i=1}^{\infty}M_{1i}^2N_{1i}+\sum_{i=1}^{\infty}M_{2i}^2N_{2i}}{\sum_{i=1}^{\infty}M_{1i}N_{1i}+\sum_{i=1}^{\infty}M_{2i}N_{2i}}=\frac{w_1M_{w1}+w_2M_{w2}}{w_1+w_2}$$

'날씨가 덥다' 혹은 '춥다'라고 하는 것은 막연한 표현이지만 '기온이 35°C이다'

혹은 '10°C이다'라고 수치화하면 날씨의 덥고 추움을 객관적이며 구체적으로 표현할 수 있다. 이와 마찬가지로 고분자의 분자량 분포도 넓다, 좁다, 균일하다 등으로 표현하기보다는 $\frac{\overline{M_w}}{\overline{M_n}}$의 값으로 표현하면 더욱 명확해진다. 이 $\frac{\overline{M_w}}{\overline{M_n}}$을 polydispersity라고 하며, 분자량 분포의 넓고 좁음을 나타내는 지수로 사용한다. $\frac{\overline{M_w}}{\overline{M_n}}=1$일 때는 중합된 고분자들이 모두 동일한 중합도를 가지며, 단분산성(monodisperse)이라고 한다. 이 값이 크면 클수록 고분자의 분자량 분포가 넓다고 할 수 있다.

고분자의 분자량을 측정하기 위해서는 다음과 같은 방법들이 쓰인다.

분자량	측정법
$\overline{M_n}$	어는점 내림, 끓는점 오름, 삼투압법
$\overline{M_w}$	광산란법

물에 어떤 비전해질 물질이 1 몰랄농도로 포함되어 있으면 끓는점이 0.52°C 상승한다. 어떤 수용성 고분자 20 g을 물 100 g에 용해하였을 때 끓는점이 100.0052°C 이었다면 이 수용액은 0.01 몰랄농도이므로 물 100 g 속에는 0.001 mol의 고분자가 함유된 것이다. 따라서 이 고분자의 분자량은 20/0.001 = 20,000이다. 이때 이 분자량은 수평균 분자량이 될 것이다. 최근에는 gel permeation chromatography (GPC)나 MALDI TOF mass spectrometry 등의 분석기기를 이용하여 고분자의 분자량을 더욱 간편하게 측정할 수 있다.

고분자를 용매에 용해시킨 고분자 용액의 점도를 측정하면 점도 평균 분자량(viscosity average molecular weight, $\overline{M_v}$)을 측정할 수 있는데, 이 점도 평균 분자량은 $\overline{M_n}<\overline{M_v}<\overline{M_w}$의 범위 내에 있다. 고분자 용액의 점도는 매우 간단한 점도계로 손쉽게 측정할 수 있다는 장점이 있다.

점도 평균 분자량은 $[\eta]=k\overline{M_v}^a$(k, a는 Mark-Howink-Sakurade 상수)의 관계식으로 결정되는데 여기서 $[\eta]$는 고유 점도(intrinsic viscosity)이다. $[\eta]$는 η_{sp}/c혹은 ln η_r/c를 용액 중 고분자의 농도별로 측정한 후 $C\rightarrow 0$로 외삽하여 결정한다. 여기서 비점도 $\eta_{sp}=\frac{\eta-\eta_0}{\eta_0}$, 상대 점도 $\eta_r=\frac{\eta}{\eta_0}$이며 고분자 용액의 점도 η와 용매만의 점도 η_0의 비는 capillary를 흘러내리는 데 소모되는 시간의 비 $\frac{t}{t_0}$로부터 결

정된다.

고분자의 분자량과 중합 반응의 전환율 간의 상관관계는 중합 반응의 유형에 따라 크게 다르다. 먼저 대표적인 단계 중합 고분자인 나일론과 PET를 예로 들어 단계 중합에 대해 살펴보자.

나일론과 PET는 단계 중합에 의하여 합성된다.

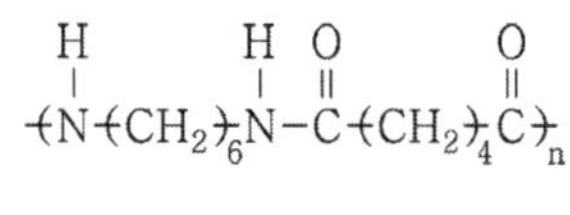

Nylon 66

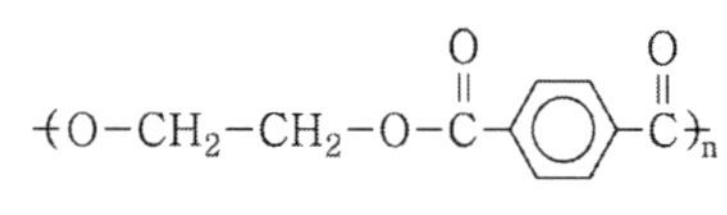

PET

초기 단량체의 분자수가 N_0이고, 중합이 진행된 후 고분자의 수가 N이라면 고분자 1개당 결합되어 들어간 단량체의 수는 $\frac{N_0}{N}$이므로 단계 중합에 의해 생성되는 고분자의 수평균 중합도는 $\overline{X_n}=\frac{N_0}{N}$이 된다.

단량체이든 고분자이든 한 분자당 작용기의 수는 2개이므로 $[M]_0=2N_0$, $[M]=2N$이고, 단계 중합의 전환율(p)은

$$p=\frac{[M]_0-[M]}{[M]_0}$$

이므로,

$$\overline{X_n}=\frac{1}{1-p}$$

가 된다. 즉, 단계 중합에서는 전환율이 90%일 때에도 수평균 중합도가 10밖에 되지 않으며 전환율이 100%에 근접할 때 비로소 분자량이 급격히 상승한다.

반면 연쇄 중합의 경우에는 라디칼, 음이온, 양이온 혹은 배위 중합 활성점에 단량체가 매우 빠르게 반응하여 들어가기 때문에 순간적으로 높은 분자량의 고분자가 형성된다. 연쇄 중합에서는 단량체의 전환율이 증가함에 따라 고분자의 분자량이 크게 변화하지 않으며, 단지 단량체의 분자수는 감소하고 고분자 분자수는 점차 늘어난다.

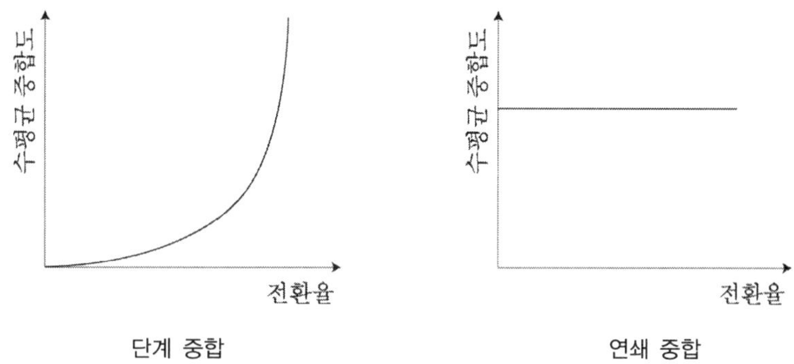

그림 11-1 단계 중합 및 연쇄 중합에서 전환율(Conversion)에 따른 수평균 중합도의 변화

따라서 단계 중합에서는 전환율이 아주 낮을 때에도 반응액 내에는 단량체 분자는 거의 소멸되고 대부분 올리고머나 고분자가 존재하는 데 비해, 연쇄 중합에서는 전환율이 100%에 가까울 때도 반응액 내에 단량체가 여전히 남아 있을 수 있다.

제12장

중합 형식

고분자는 벌크 중합 반응기로 생산하는 것이 가장 유리한데 중합 반응기는 중합 반응열의 제거가 용이하도록 설계해야 한다.

고분자를 생산하는 중합 형식은 크게 벌크 중합(bulk polymerization), 용액 중합(solution polymerization), 현탁 중합(suspension polymerization), 유화 중합(emulsion polymerization)으로 나눌 수 있다. 중합 반응에서의 발열 정도와 반응액의 점도 상승 정도에 따라 적절한 중합 반응기 형식을 선택한다.

벌크 중합(괴상 중합)

벌크 중합은 고분자를 생산하는 중합 형식 중 가장 간단한 방법이다. 단량체와 반응 개시제, 또는 필요할 경우 고분자의 분자량 조절제와 같은 반응조절제만을 반응기에 투입하여 중합 반응을 진행하는 형식이다.

이 방법은 용매(혹은 분산매)를 사용하지 않으므로 순도 높은 고분자를 생산할 수 있으며, 반응기의 단위 부피당 고분자의 생산량이 가장 많고 용매(혹은 분산매)를 분리 회수하여야 할 필요가 없어 공정이 단순하고 회수 설비가 필요하지 않은 장점도 있다. 그러므로 고분자를 벌크 중합으로 생산하는 것이 가장 바람직하다.

그러나 벌크 중합의 경우에도 중합 반응의 전환율을 100%로 하려면 반응 시간이 너무 길어지기 때문에 경제적이지 못하다. 그리고 중합체 내에는 미반응 단량체가 잔존할 수 있는데, 중합체로부터 이를 완전히 제거하는 것 역시 쉬운 일이 아니다.

벌크 중합에서 가장 큰 문제는 반응열을 제거하는 것이다. 중합 반응의 전환율이 낮을 때는 점도가 낮아 반응기의 교반이 용이하지만, 전환율(p)이 증가함에 따라 반응액의 점도가 급격히 증가하여 반응기의 교반이 어려워지기 때문에 대류에 의해 반응열을 제거하기가 어려워진다. 따라서 벌크 중합 반응은 중합열을 원활하게 제거하도록 반응기를 설계할 수 있을 때에만 채택이 가능하다.

단계 중합 방식으로 중합되는 nylon, polyester 및 polyurethane의 경우, 수평균 중합도가 $1/(1-p)$이므로 p가 90%에 도달하더라도 수평균 중합도가 10밖에 되지 않아 전환율이 매우 높을 때까지 고분자의 분자량이 높지 않은 상태로 있다. 전환율이 낮을 때에는 작용기의 수가 많아 반응 속도가 빠르며, 이때 고분자의 분자량이 높지 않아 점도가 낮기 때문에 교반이 용이하다. 한편 전환율이 높아지면 반응액의 점도가 높아 교반이 어려워지지만 작용기의 대부분이 반응한 상태이므로 반응 속도가 느리기 때문에 발열량이 적다. 즉 비록 반응액의 점도가 높더라도 반응열의 제거가 용이하다. 따라서 단계 중합 방식으로 생성되는 거의 모든 고분자는 벌크 중합으로 생산하고 있다.

연쇄 중합의 경우 중합 초기부터 높은 분자량의 고분자가 생성되며, 전환율이 증가함에 따라 고분자의 양은 많아지고 단량체의 양은 줄어들어 전환율이 40~50% 이하일 때에도 반응액의 점도가 높아서 교반이 어려운 경우가 많다. 따라서 연쇄 중합으로 합성되는 고분자 중에서는 몇몇 경우만 벌크 중합 형식으로 생산하고 있다.

벌크 중합의 일종인 cast 중합은 아크릴판과 같은 판상의 제품을 만드는 데 적합한 중합 방식이다. 그 과정을 보면, 단량체와 개시제 혼합물을 유리판 위에 올려놓고 다른 유리판을 그 위에 포갠다. 이 두 유리판 사이에는 탄력성이 있는 개스킷이 끼어 있는데 클램프로 이 두 유리판을 조여 금형을 만든다. 이후 유리판 채로 반응 온도로 가열된 수조에 담근 상태에서 중합을 진행한다. 중합이 진행됨에 따라 반응액의 부피가 줄어들기 때문에 탄력성 개스킷과 클램프를 이용하여 부피 감소를 보정해준다.

얇은 판의 경우 단위 부피당 전열 면적이 크기 때문에 교반을 하지 않아도 반응열을 쉽게 제거할 수 있다. 그러나 두꺼운 판을 만들 때는 반응열이 잘 제거되지 않아 반응 온도가 상승하여 단량체가 기화되거나 반응액의 부피 감소를 보정하기 힘들어 판 속에 기포가 생성되는 경우가 빈번히 발생한다. 이와 같은 경우에는 이미 중합된 고분자와 단량체를 혼합하여 cast 중합을 하면 단위 부피당 발열량도 줄어들고 반응액의 부피 감소도 더 적게 일어나도록 할 수 있기 때문에 그러한 문제점을 개선할 수 있다.

인공 수정체는 poly(methyl methacrylate), 즉 PMMA로 만드는데 cast 중합에 의하여 제조되고 있으며, 각종 기념품이나 상패의 제작에도 PMMA 혹은 PS를 cast 중합으로 제작하고 있다. 모든 단량체를 cast 중합할 수 있는 것은 아니며, 단량체에 완전히 용해될 수 있는 고분자에 한하여 cast 중합을 수행한다.

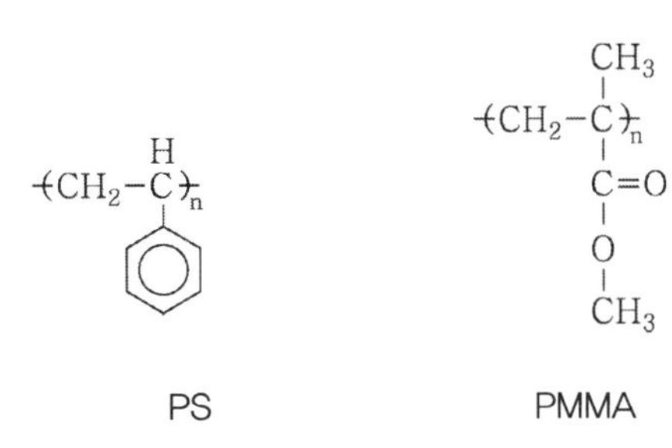

벌크 중합으로 생산되는 대표적인 고분자로는 PE, PP, PS, PVC 등이 있다. LDPE는 에틸렌을 고온고압하에서 벌크 중합하여 생산한다. 생성되는 반응열을 효과적으로 제거하기 위하여 중합 반응의 전환율(single path conversion)을 20% 수준으로 낮게 운전하고 있으며 교반기가 부착된 autoclave형 반응기, 또는 지름이 수 cm이면서 길이가 수 km에 이르는 tubular 반응기를 사용하여 생산하는데, tubular 반응기의 경우에는 교반기가 부착되어 있지 않다. LDPE는 짧은 가지뿐만 아니라 긴 가지를 가지고 있는데 autoclave형 반응기로부터 생산되는 LDPE는 tree-like형의 가지를 가진 구조를 가지고 있는 반면 tubular 반응기로부터 생산되는 LDPE는 머리 빗 모양(comb-like)으로 긴 가지가 분포되어 있는 구조를 가지고 있어 두 종류의 LDPE는 약간 서로 다른 물성을 나타낸다.

HDPE는 에틸렌을 배위 중합 촉매로 중합하여 생산하는데, 기상 중합 반응기일 경우 벌크 중합에 가까운 중합 방식이다. 반응기 내에는 에틸렌 기체의 흐름에 의해 HDPE 입자가 유동층을 이루며 격렬히 움직이고 있어 반응열을 계 외로 제거한다. 반응 속도를 조절하기 위하여 에틸렌에 질소를 혼합하기도 하며 분자량을 조절하기 위하여 수소를 첨가하기도 한다. 이 기상 중합 반응기는 MDPE, LLDPE 외에 PP의 생산에도 이용되고 있는데 그림 12-1과 같은 UNIPOL 공정이 대표적이다.

PP는 저온에서 비교적 취약한 충격 강도를 나타내기 때문에 자동차 범퍼 등의 용도에 PP를 적용하기 위해서는 PP에 고무상 성분을 compounding하는 것이 필요하다. 고무상 성분으로는 ethylene-propylene rubber(EPR)가 주로 사용된다. EPR은 에틸렌과 프로필렌의 공중합체로 PE와 PP 각각은 결정성 고분자이지만 이 공중합체는 비결정성으로 고무 성질을 나타낸다.

고분자를 compounding하는 것은 매우 느리며 비싼 공정이므로 그림 12-2와 같은 공정을 이용하면 PP/EPR 복합체를 중합 반응기로부터 in-situ로 생산할 수 있어

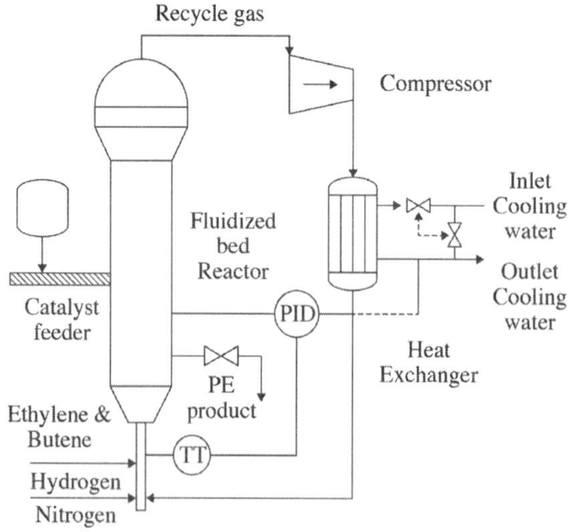

그림 12-1 HDPE 기상 중합 공정도

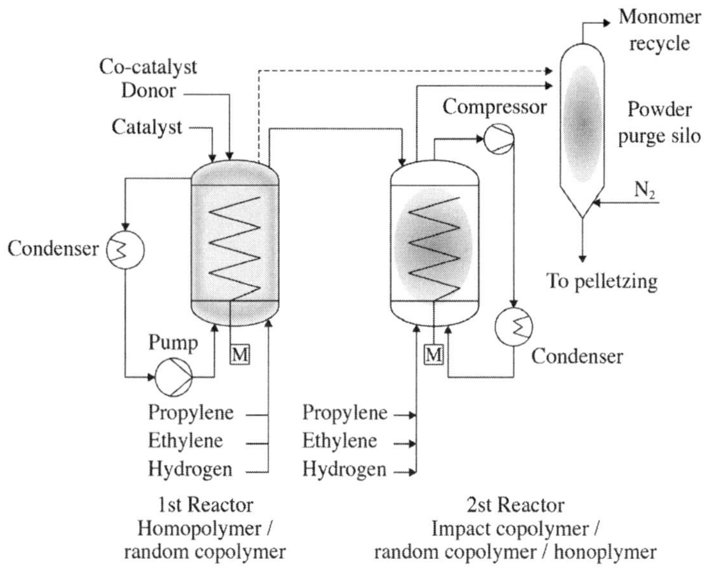

그림 12-2 High Impact PP 생산 공정도

PP/EPR 복합체를 경제적으로 생산할 수 있다

첫 번째 반응기에서 PP 단일 중합을 수행한 후 두 번째 반응기로 이송한다. 여기서 에틸렌과 프로필렌의 공중합을 진행하여 PP/EPR 복합체를 in-situ로 생산한다. 이렇게 생산된 PP를 high impact PP라고 부르며 UNIPOL 공정 이외에도 solvent-slurry 공정에서도 반응기 2개를 직렬로 연결하여 같은 방식으로 high impact PP를 생산하고 있다.

PS는 대부분 현탁 중합으로 생산하지만 벌크 중합으로 생산하는 경우도 있다. 벌크 중합을 하기 위해 탑형의 반응기를 사용하는데, 반응기 내에는 여러 개의 paddle형 교반기가 설치되어 반응열을 계 외로 제거한다.

PVC도 대부분 현탁 중합 혹은 유화 중합으로 생산하지만 벌크 중합으로 생산하는 공정도 개발되어 있다.

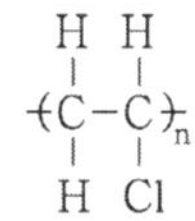

PVC

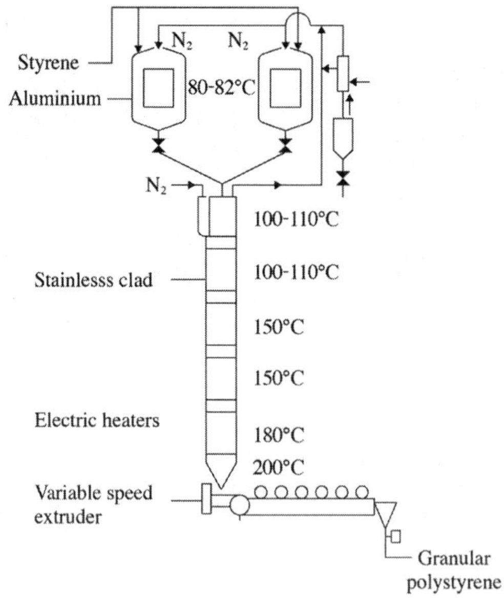

그림 12-3 PS의 연속식 벌크 중합 공정도

용액 중합(solvent polymerization)

단량체를 용매에 녹여 중합하면 단량체의 농도가 감소하여 중합 속도를 낮출 수 있으며 반응계의 점도를 낮추어 교반을 용이하게 할 수 있다. 그러나 용액 중합에는 용매를 사용하므로 이를 재사용하기 위하여 분리 정제하는 설비가 추가로 필요하며, 대부분의 용매는 독성이 있고 화재의 위험이 있다는 단점이 있다. 또한 용매의 사용에 따라 제조 원가가 상승하고 반응기 단위 부피당 고분자의 생산량이 줄어든다. 중합 시 활성점의 활성이 용매 분자로 이동하여(연쇄 이동 반응) 고분자의 분자량이 감소할 수 있으며, 잔존 용매를 제거하는 것도 어려운 일이다.

양이온 중합이나 음이온 중합 및 배위 중합은 활성점이 물에 의하여 비활성화되므로 현탁 중합이나 유화 중합 방법을 이용할 수 없다. 특히 양이온 중합과 음이온 중합은 반응 속도가 매우 빨라 벌크 중합을 하기 어렵기 때문에 용액 중합을 사용하지 않을 수 없다. 한편, 유성 페인트나 라카(lacquer) 등은 고분자가 용매에 용해된 형태로 제품화되므로 용액 중합을 이용하여 생산하는 것이 유리하다.

Poly(vinyl alcohol), 즉 PVA는 poly(vinyl acetate), 즉 PVAc를 메탄올에 녹여 NaOH와 같은 알칼리로 비누화하여 생산한다.

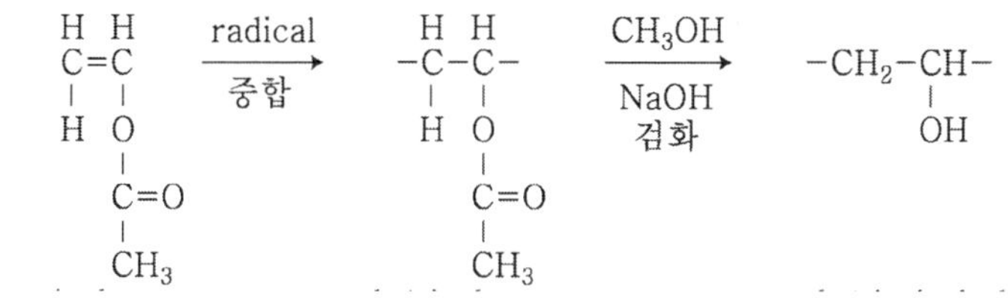

vinyl acetate poly(vinyl acetate) poly(vinyl alcohol)

따라서 PVA를 생산하는 데는 vinyl acetate를 메탄올에 녹여 용액 중합한 후 NaOH로 비누화(saponification, 검화)하는 것이 유리하다. 비누화도(degree of saponification, 검화도)란 PVAc의 아세테이트기 중 몇 %가 -OH기로 되었는가를 나타내는데, 검화도가 50% 이상이면 물에 용해되는 PVA가 된다. PVAc는 비결정성 고분자이나 PVA는 검화도가 증가함에 따라 결정화가 진행될 수 있다. PVA 내에는 비누화되지 않은 아세테이트기가 남아 있으므로 PVA는 비극성인 부분과 극성인 부분을 모두 가지고 있기 때문에 현탁제로 사용할 수 있다. 그 외 PVA는 섬유의 호제, 토양개량제, 접착제 등에 사용한다.

현탁 중합(suspension polymerization)

물에 녹지 않는 단량체를 물과 함께 교반하면 작은 단량체 방울로 분산된다. 분산된 단량체 방울(100~500 μm)을 안정시키기 위하여 $MgCO_3$와 같은 무기질 분말이나 젤라틴, 또는 PVA와 같은 현탁제를 투입한다.

개시제와 반응 조절제는 모두 물에는 용해되지 않고 단량체에는 용해되므로 분산된 단량체 방울은 작은 벌크 중합 반응기와 같은 거동을 보인다. 따라서 현탁 중합 반응은 벌크 중합 반응과 거의 같은 반응 속도론적 거동을 보인다. 중합이 진행됨에 따라 단량체 방울은 중합하여 고분자 입자가 되며, 따라서 고분자 입자의 지름은 교반 속도와 현탁제의 종류 및 현탁제의 함량과 단량체/분산매의 비에 의하여 결정된다.

라디칼 연쇄 중합에 의하여 합성되는 고분자는 많은 경우 현탁 중합으로 생산되고 있으며, 현재까지 현탁 중합은 batch 중합 방식으로만 공업적인 생산이 이루어지고 있다.

유화 중합(emulsion polymerization)

물 속에 비누 분자를 용해시키면 물의 표면 장력이 점차 감소한다. 그러나 비누 분자를 어느 농도 이상 용해시키면 비누 분자를 더 많이 용해시키더라도 물의 표면 장력이 더 이상 감소하지 않고 일정한 값을 유지한다. 이는 비누 분자가 물 속에서 비누의 소수성 부분이 모여 core를 형성하고 비누의 친수성 부분이 이를 둘러싸고 있는 형태의 마이셀(micelle)을 형성하기 때문이다. 물의 표면 장력이 일정해지기 시작할 때의 비누의 농도를 임계 마이셀 농도(critical micelle concentration, CMC)라고 한다.

비누 분자가 용해된 물 속에 물에 잘 녹지 않는 단량체를 투입하고 교반하면 단량체는 마이셀의 소수성 core에 용해되어 들어가거나 단량체 방울을 형성한다. 마이셀의 크기는 5~6 nm 정도이고, 물 속에 10^{17}~10^{18}개 / mL 정도 존재하는 반면, 단량체 방울은 1~10 μm 정도의 크기로 물 속에 10^{10}~10^{11}개 / mL 정도 존재한다. 여기에 물에 용해되는 개시제를 투입하면 유화 중합 반응이 진행된다. 물 속에서 생성된 라디칼은 수용성이므로 단량체 방울로 이동하기보다는 표면적이 훨씬 넓은 마이셀 속으로 이동하여 마이셀 속의 단량체를 중합한다.

이와 같이 라디칼을 만난 마이셀은 중합체를 포함하고 있으며, 이를 latex 입자라고 부른다.

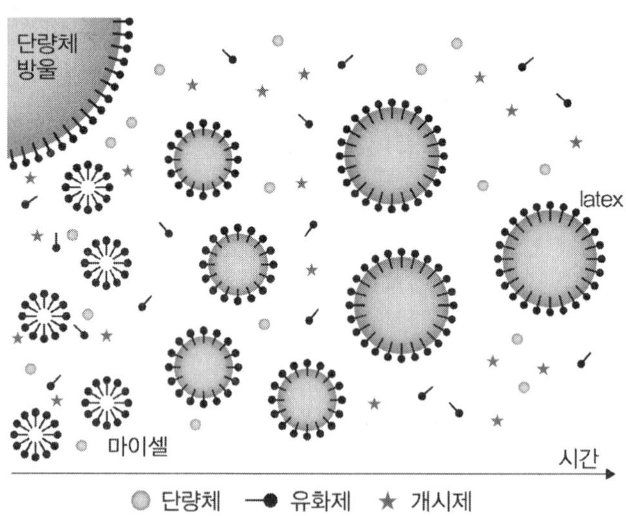

그림 12-4 유화 중합에서 반응 시간에 따른 입자 제조

중합이 진행되면 latex 입자 내 중합체의 함량이 높아지므로 물 속에 미량 용해되어 있는 단량체가 latex 입자 내로 이동하게 되고 단량체 방울로부터 단량체가 물 속에 다시 미량 용해된다. 따라서 단량체 방울의 크기는 점차 줄어들며 latex 입자의 크기는 점차 커진다.

중합이 진행됨에 따라 마이셀이 latex 입자로 변하며, 이미 생성된 latex 입자의 크기가 점점 커지면서 마이셀을 이루고 있는 비누 분자가 latex 입자로 이동하여 latex 입자를 안정시키며 마이셀이 해체되기 때문에 마이셀의 수가 점차 감소한다.

Latex 입자의 수는 10^{13}~10^{15}개 / mL 정도이며, 유화 중합은 대부분 latex 입자 내에서 이루어진다. Latex 입자 내의 중합체 농도는 중합 초기부터 매우 높은 상태로 유지되기 때문에 라디칼의 연쇄 이동이 자주 이루어져 가지를 친 구조의 고분자가 빈번히 생성된다. 라디칼을 가진 latex 입자 내로 라디칼이 다시 들어오면 라디칼끼리 정지 반응을 하며 그 latex 입자는 라디칼을 갖지 않은 입자가 되고, 여기에 다시 라디칼이 들어오면 그 latex 입자는 활성을 나타내어 다시 중합을 시작한다. 따라서 반응기 내 latex 입자는 라디칼을 갖지 않거나 1개 가지므로 latex 입자 내 평균 라디칼의 수는 1/2개라고 할 수 있다.

비누와 같이 입자를 안정화시키는 물질을 유화제(emulsifier, 계면활성제)라고 부르며, 친수성 부분이 음이온을 띠는 유화제가 가장 많이 사용되지만 양이온을 띠거나 비이온성인 유화제도 사용된다. 유화 중합에서 비누의 농도를 증가시키면 중합 속도와 분자량을 동시에 증가시킬 수 있기 때문에 유화 중합은 고무와 같이 높은 분자량을 필요로 하는 고분자의 생산에 적합하다. 또한 현탁 중합에 비하여 입자끼리 뭉치는 현상이 적고 잔존하는 단량체의 양을 최소화할 수 있다. 그러나 유화제와 같은 불순물이 잔존하여 고분자의 순도가 떨어지며 전기적 특성이 떨어질 우려가 있다.

제13장

범용 고분자

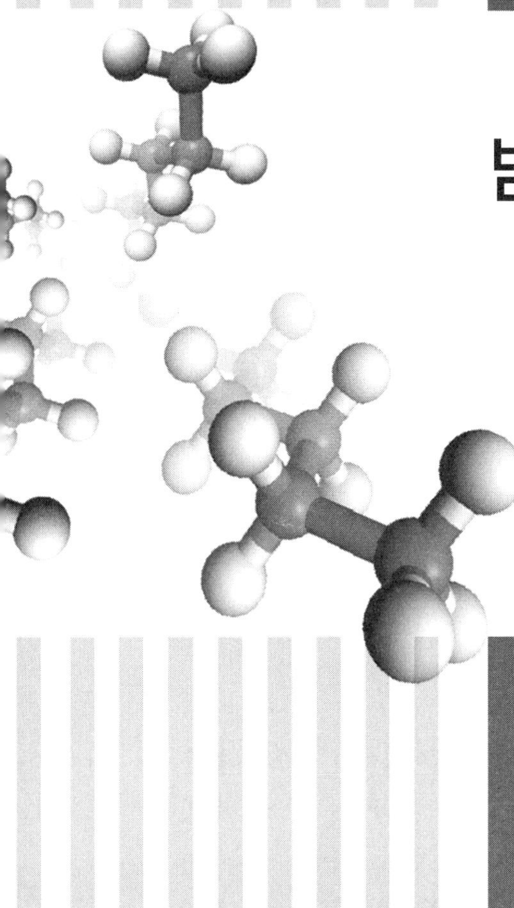

범용 고분자는 일상 생활에서 흔히 사용되는 고분자로 HDPE, LDPE, PVC, PP 및 PS가 5대 범용 고분자들이다.

범용 고분자는 값이 싸고 가공성이 우수하며 가볍고 보편적인 용도에 알맞은 물성을 가지고 있기 때문에 다양한 용도로 대량 사용되고 있다. 범용 고분자 중 사용량이 가장 많은 HDPE, LDPE(LLDPE 포함), PVC, PP, PS 등의 고분자를 5대 범용 고분자라고 한다.

폴리에틸렌(PE)

LDPE는 250°C, 2500 atm의 고온·고압 조건하에서 라디칼 중합으로 합성하는 에틸렌의 단일 고분자이다. HDPE와 LLDPE는 배위 중합 촉매에 의하여 비교적 온화한 조건에서 합성하는데, LLDPE는 에틸렌과 α-olefin(1-butene, 1-hexene, 1-octene)을 공중합하여 합성한다.

$CH_2{=}CH{-}CH_2{-}CH_3$

1–butene

$CH_2{=}CH{-}CH_2{-}CH_2{-}CH_2{-}CH_3$

1–hexene

$CH_2{=}CH{-}CH_2{-}CH_2{-}CH_2{-}CH_2{-}CH_2{-}CH_3$

1–octene

LDPE는 전선의 피복에 많이 사용하는데, 특히 해저 케이블에는 순도가 높은 LDPE를 사용하여 신호 전달이 잘 이루어지도록 하고 있다. LDPE는 산소나 유기 과산화물을 개시제로 하는 반면, HDPE나 LLDPE는 배위 중합 촉매를 이용하여 합성한다. 그런데 배위 중합 촉매는 전이 금속(Ti, V, Cr 등)을 포함하고 있기 때문에 고전압의 전선 피복에는 HDPE나 LLDPE보다 LDPE가 더 유리하다.

마요네즈나 케첩 병과 같이 유연한 용기와 과일의 포장 필름으로도 LDPE가 이용되며, 일회용 종이컵 내부에도 물이 새지 않도록 LDPE가 얇게 코팅되어 있다. 또한 LDPE는 비교적 투명도가 높아 농촌의 비닐하우스에 많이 사용된다. LDPE는 발포용 제품으로도 이용되는데 일반적으로 많이 사용되는 PS 발포 제품이 부서지기 쉬운 데 반해 LDPE 발포 제품은 유연하여 충격 완화제로 여러 번 재사용할 수 있으며, PS 발포 제품을 연소할 때 스타이렌 단량체(styrene monomer) 또는 이량체(dimer)와 같은 유독한 물질이 생성되고 그을음이 많이 발생하는 데 비하여 LDPE 발포 제품은 연소 시 유독 가스가 훨씬 적게 발생한다. 그러나 LDPE는 비극성 고분자이므로 염색성이나 인쇄성이 나쁘고 접착성이 좋지 않기 때문에 극성을 가지는 다른 단량체와 공중합하거나 표면을 corona 방전 처리하여 극성을 높이는 방법을 사용해야 한다.

LDPE는 좋은 전기 절연용 재료이지만 난연성이 좋지 않아 화재 시 불이 급속히 번질 수 있다. 전선은 합선과 같은 사고의 가능성을 항상 가지고 있으므로 전기 절연용 재료에는 난연성을 부여하여야 한다.

기체 투과도가 낮은 고분자 필름은 식품 포장용으로 사용된다. LDPE의 경우 기체 투과도가 높아 식품의 변색이나 부패가 쉽게 일어난다. 이때 LDPE를 제조하는 고온 고압 공정을 이용하여 에틸렌과 vinyl acetate($CH_2{=}CH{-}O{-}\overset{\overset{\large O}{\|}}{C}{-}CH_3$)를 공중합하면 poly(ethylene-co-vinyl acetate) (EVA)가 만들어지는데, 이 EVA는 기체 투과도가 낮은 필름으로 제조할 수 있다.나일론 역시 기체 투과성이 적은 고분자이므로 LDPE에 EVA 또는 나일론 필름을 차례로 포갠 후 높은 압력을 가하여 융착(lamination)하면 기체 투과성이 낮은 sheet를 만들 수 있고 이를 이용하여 식품 포장용 용기를 제조할 수 있다.

HDPE는 대형 플라스틱 용기나 상·하수도용 파이프, 슈퍼마켓의 비닐봉지(plastic bag), 멀칭 필름 등으로 사용된다. LLDPE는 LDPE와 같이 투명한 필름이며 LDPE보다는 훨씬 온화한 조건에서 합성되므로 제조 공정의 투자비용이 적게 소모된다. 그러나 LDPE가 에틸렌의 단일 중합체인 데 반해 LLDPE는 에틸렌과 α-olefin의 공중합체이므로 α-olefin의 가격 역시 제조 공정의 투자 비용과 함께 LLDPE의 제조 원가에 영향을 미친다.

PE에 방사선을 쪼이거나 유기 과산화물을 혼합한 후 가열하면 라디칼이 발생하고 PE 분자의 라디칼과 다른 PE 분자의 라디칼이 반응하여 PE이 crosslinking(가교)될 수 있다.

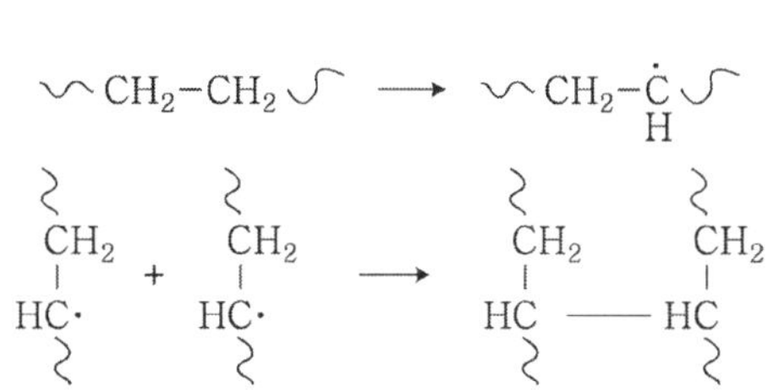

가교된 polyethylene(crosslinked PE)

가교된 polyethylene을 XLPE(crosslinked PE)라고 하는데, 이 XLPE는 발포 제

품이나 온돌용 파이프로 사용된다. 폴리에틸렌 파이프는 공기 투과도가 높기 때문에 건물의 순환수 파이프를 PE로 만들면 물 속에 산소가 녹아들어 보일러를 산화시켜 녹물을 많이 생성하기 때문에 보일러가 막힐 위험이 있다. 온수난방용 파이프로 PE를 사용할 때에는 이 점을 유의해야 한다. 배위 중합 촉매의 시초인 Ziegler 촉매는 독일의 K. Ziegler 교수가 발명하였다. Ziegler 교수는 C_2H_5Li(에틸리튬)에 관한 실험을 하던 중 $LiAlH_4$에 의하여 에틸렌이 중합되는 것을 우연히 발견하였다. 그 후 Ziegler 교수는 $Al(C_2H_5)_3$가 에틸렌의 중합에 활성이 높은 것을 알아냈다. 그러나 $Al(C_2H_5)_3$에 의하여 합성되는 폴리에틸렌의 분자량은 5,000 정도밖에 되지 않았다.

Ziegler 교수는 그 후 많은 실험을 통하여 TiCl4와 $Al(C_2H_5)_3$의 조합이 에틸렌을 상온상압에서 빠른 속도로 중합하고 매우 높은 분자량의 폴리에틸렌을 생성하는 것을 밝혔다.

그림 13-1 폴리에틸렌의 대표적인 활용 예. 화학 용기, 기체 및 액체 파이프, 경기장용 의자(이상 HDPE). 포장 및 멀칭 필름(이상 LDPE).

폴리프로필렌(PP)

PP는 입체규칙성에 따라 isotactic PP, syndiotactic PP, atactic PP로 분류된다. 적당한 물성을 나타내기 위해서는 입체규칙성이 요구되기 때문에 배위 중합 촉매로만 제조한다.

PP를 isotactic PP로 중합하는 촉매는 이탈리아의 Natta 교수가 발명하였다.

Natta 교수는 Ziegler 촉매 중 $TiCl_4$를 $TiCl_3$로 바꾸었을 때, isotactic PP가 생성되는 것을 발견하고, 1954년 입체규칙성 중합 촉매에 관한 부분을 독자적으로 특허 출원하였다. Natta가 기술고문으로 있던 Montecatini사가 Ziegler에게 '당신의 촉매로 프로필렌 중합을 시도해 보았는가?'라고 문의하였을 때 Ziegler는 '프로필렌 중합은 잘 되지 않았다'고 대답한 것이 Ziegler의 특허를 피할 수 있었던 한 이유가 되었을 것이다. Ziegler와 Natta는 이 일로 서로 사이가 좋지 않았다고 한다. 나프타(naphtha)를 분해하면 에틸렌뿐만 아니라 프로필렌도 다량 생성되는데, isotactic PP가 합성되기 전에는 프로필렌의 용도가 별로 없어 대부분 연료로 사용되었다. 그러므로 isotactic PP의 출현은 공업적 가치가 매우 크다고 하겠다.

Isotactic PP는 밀도가 0.91 g/cm^3로 매우 가벼우며, 전기절연성 및 내약품성이 뛰어난 재료이다. 또한, 용융 온도가 160°C이므로 각종 제품을 PP에 포장한 채로 열탕 소독할 수 있다. Isotactic PP는 가볍고 인장 강도가 우수하기 때문에 로프, 노끈, 실험복 및 작업복, 컨베이어 벨트, 여과포 등으로 사용되며 이불솜으로 사용하면 매우 가벼운 이불이 될 수 있다. 이 밖에도 담배의 포장지, 내수성 스카치테이프, 운반용 케이스나 컨테이너 등에도 isotactic PP가 이용되고 있다.

유리섬유나 탄산칼슘 등을 PP와 배합하면 PP의 열변형 온도와 강도가 매우 향상되어 PP의 용도를 크게 넓힐 수 있다. 이때 유리섬유와 탄산 칼슘은 극성이 큰 반면, PP는 비극성이므로 상호 간의 접착을 개선하기 위하여 유리섬유와 탄산칼슘 표면에 소수성을 부여하는 것이 필요하다. 이와 같은 목적을 위하여 사용하는 물질을 coupling agent라고 한다.

그림 13-2 폴리프로필렌의 대표적인 활용 예. 병뚜껑과 정화용 필터.

폴리스타이렌(PS)

PS는 주쇄에 페닐기(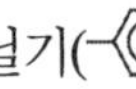)를 가지고 있기 때문에 PP와 같이 isotactic PS, syndiotatic PS 및 atactic PS로 구분할 수 있다.

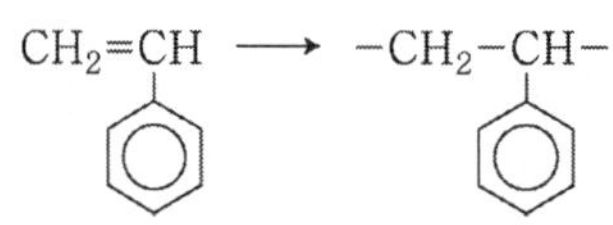

styrene polystyrene

배위 중합 촉매를 이용하면 isotactic PS와 syndiotactic PS를 합성할 수 있으나 현재 사용하고 있는 PS의 대부분은 라디칼 중합으로 합성한 atactic PS이다.

PS는 투명하고 T_g가 100°C로 높기 때문에 많은 용도로 응용할 수 있지만 충격에 매우 약하다는 결점을 가지고 있다. 이와 같은 결점을 보완하기 위하여 합성고무와 blending 혹은 공중합 방법을 사용한다. 고분자 blending은 뒤에 설명하겠지만, 두 가지 이상의 고분자를 혼합하여 고분자의 물성을 향상시키는 기술이다. 스타이렌계 고분자로는 일반용 PS(general Purpose PS, GPPS), 내충격성 PS(high Impact PS, HIPS), ABS 및 SAN이 있다. 이 중 GPPS만 PS의 단일 중합체이며 나머지는 고분자 blend 혹은 공중합체이다.

HIPS는 polybutadiene이 녹아 있는 용액 속에서 styrene을 중합한 것이다.

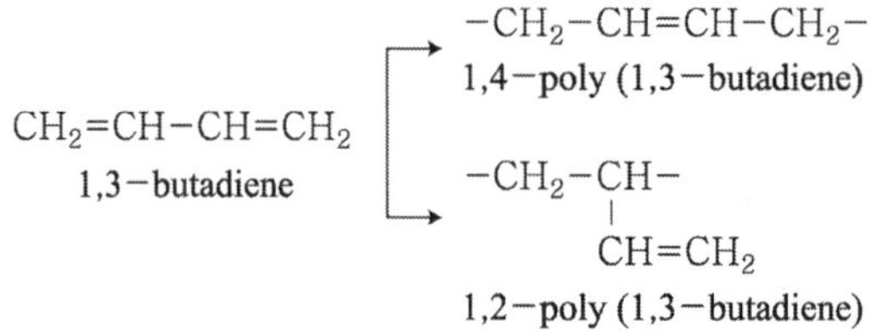

Polybutadiene은 중합하는 위치에 따라 1,4-poly(1,3-butadiene) 및 1,2-poly(1,3-butadiene)의 형태를 가질 수 있으며, 1,4-poly(1,3-butadiene)은 cis-1,4-poly(1,3-butadiene) 및 trans-1,4-poly(1,3-butadiene)의 구조를 가질 수 있고, 1,2-poly(1,3-butadiene)은 isotactic, syndiotactic, atactic의 이성체를 가질 수 있다.

Polybutadiene의 T_g는 polybutadiene의 구조에 따라 다르지만 대개 −100°C 부근이므로 고무 성질을 가지고 있어 HIPS는 GPPS보다 높은 충격 강도를 나타낸다.

HIPS의 구조는 polybutadiene의 사슬을 따라 PS 가지가 있는 공중합체와 PS와 polybutadiene homopolymer의 blend 형태가 혼합되어 있다.

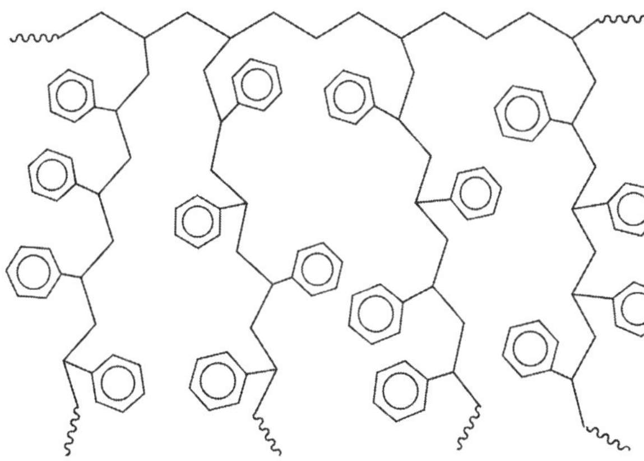

이와 같이 한 고분자 사슬에 다른 고분자가 가지를 치고 있는 형태의 공중합체를 graft 공중합체라고 한다.

PS와 polybutadiene blend에서 PS와 polybutadiene이 분자 수준까지 혼합되지는 않으므로 PS 내 polybutadiene은 불규칙하게 분산되어 있어 빛을 산란시키므로 HIPS는 투명하지 않고 뿌옇다. 뿌연 야쿠르트 병이 바로 HIPS로 만든 것이다.

SAN은 styrene과 acrylonitrile을 공중합한 것이다.

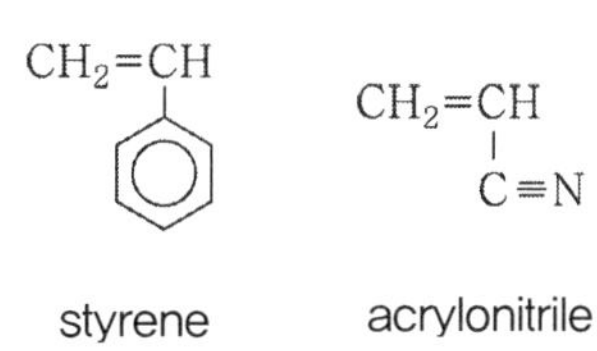

ABS는 polybutadiene이 존재하는 반응액 내에서 styrene과 acrylonitrile을 공중합한 것으로, polybutadiene 사슬을 따라 스타이렌과 acrylonitrile 공중합체가 가지 모양으로 달린 graft 공중합 구조를 가지고 있다.

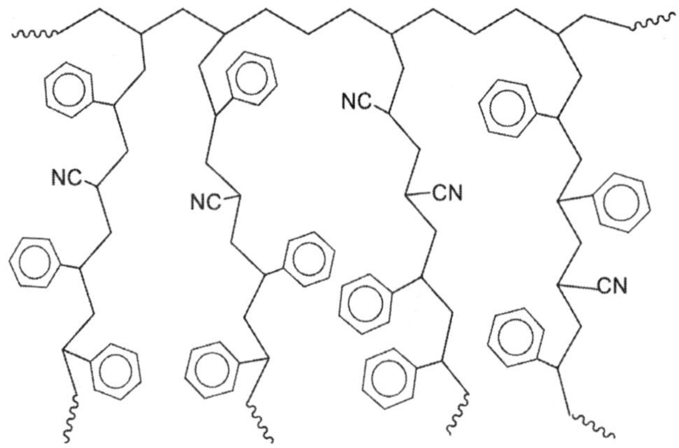

제품의 값은 GPPS < HIPS< SAN< ABS 순으로 증가한다.

ABS는 냉장고, 청소기, TV housing, 안전모, 하이힐 및 각종 자동차 부품에 사용되며, acrylonitrile 단위체가 극성을 가지기 때문에 GPPS나 HIPS보다 인쇄성이나 페인트 도장이 더 쉽다. 또한 ABS는 HIPS보다 충격 강도나 인장 강도, 인장 신율이 더 좋으나 값이 비싸다.

PS는 발포 제품으로도 많이 사용되는데 특히 GPPS나 HIPS가 발포에 주로 사용된다. PS bead에 propane, butane 또는 pentane을 함침시킨 후에 높은 온도에서 갑자기 압력을 낮추어 발포한다. 발포비는 30~60배이며 최종밀도는 0.02~0.03 g/cm^3 수준이므로 소량의 재료로도 부피가 큰 제품을 만들 수 있다. 라면 용기, 일회용 컵이나 쟁반뿐만 아니라 식품 포장재, 건축자재(보온재), 방진포장재 등 발포 PS 제품(expandable PS; EPS)의 용도는 매우 다양하다.

스타이렌을 배위 중합 촉매로 중합하면 syndiotactic PS(SPS)로 만들 수 있다. SPS의 내열성은 나일론보다 더 높은 반면 가격은 훨씬 저렴하므로 SPS를 내열성이 요구되는 제품에 응용하기 위한 연구가 이루어지고 있다. 소형 카메라의 housing에 SPS가 사용되고 있다.

PS 속에는 스타이렌 단량체나 이량체, 올리고머가 미량 잔존하는데 이 물질들은 내분비계 교란물질(환경호르몬)로 알려져 있어 식품과 접촉하는 용도로는 사용을 피하는 것이 좋다. 이에 따라 PS 제품을 PP나 PE 등으로 대체하기 위한 연구도 진행되고 있다.

그림 13-3 폴리스타이렌의 대표적인 활용 예. 소형 가전의 housing(HIPS), 완구(ABS), 선풍기 날개(SAN), 음식 포장(EPS).

폴리염화바이닐(PVC)

vinyl chloride PVC

PVC는 미국 Union Carbide사에서 1936년에 처음으로 상업적 생산이 이루어졌다. 에틸렌에 염소를 부가하여 ethylene dichloride(EDC)를 만든 후 이를 원료로 하여 vinyl chloride가 만들어진다.

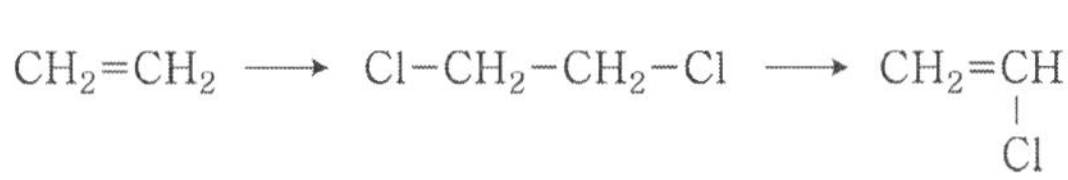

ethylene EDC vinyl chloride

PVC도 염소기(-Cl)의 비대칭성 때문에 isotactic, syndiotactic, atactic의 구조를 가질 수 있다. 그러나 isotactic PVC나 syndiotactic PVC의 경우, 현재까지 개발된 배위 중합 촉매가 vinyl chloride와 접촉하면 촉매의 활성이 소멸되기 때문에 공업적 생산은 이루어지지 않고 있다. 현재 사용되고 있는 PVC는 거의 vinyl chloride

를 라디칼 중합한 atactic PVC이다.

Vinyl chloride는 에틸렌으로부터 만들어지지만 값이 싼 염소가 포함되어 있기 때문에 에틸렌의 가격과 큰 차이가 나지 않아 PVC도 PE와 마찬가지로 범용 고분자로 사용되고 있다. PVC는 특히 투명할 뿐만 아니라 기체 투과도가 낮아 gas barrier 특성이 좋으므로 농촌의 비닐하우스용 필름으로 LDPE나 LLDPE와 함께 사용되고 있으며, 식품 포장용 랩이나 음료수 병으로도 사용된다.

Vinylidene chloride를 중합하여 만든 poly(vinylidene chloride) (PVDC)는 gas barrier 특성이 특히 뛰어나기 때문에 식품 포장 용도로 이용되고 있으며 PVDC의 가격을 낮추기 위하여 vinylidene chloride와 vinyl chloride를 공중합한 것을 사용하기도 한다.

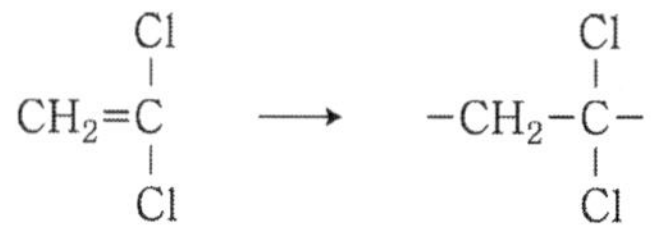

vinylidene chloride PVDC

딱딱한 경질 PVC에 가소제를 혼합하면 연질 PVC가 된다. 이와 같이 딱딱한 플라스틱의 T_g를 낮추어 연질화시키는 첨가제를 가소제(plasticizer)라고 하는데, dioctyl phthalate(DOP)와 같은 에스터 화합물이 주로 사용된다.

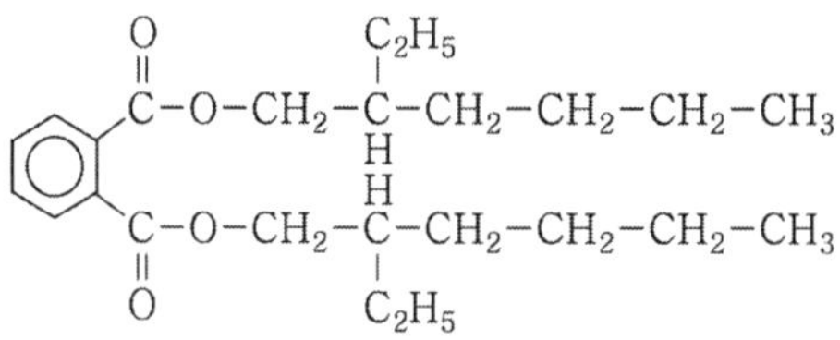

DOP

가소제는 사용 도중 PVC로부터 밖으로 스며 나올 수 있는데, 특히 DOP는 내분비계 교란물질(환경호르몬)로 알려져 있으므로 어린이용 장난감이나 식품 포장재에 연질 PVC를 사용할 경우에는 각별한 주의가 필요하다. 연질 PVC는 실내 바닥재, 벽지 필름이나 sheet, mat, 포장재 등으로 사용되고 있다.

PVC를 가열하면 HCl이 떨어져 나오므로 이를 억제하기 위하여 열 안정제를 첨가하는데, 예전에는 중금속이 포함된 열 안정제를 사용하여 PVC가 인체에 해로운 플라스틱 재료로 인식되어 왔으나 최근에는 독성이 없는 calcium 계열 안정제를 사용하고 있다.

사용 후 폐기된 PVC를 소각하면 HCl을 방출하여 소각로 벽면을 부식시킬 수 있다. 아직 확인되지는 않았지만 PVC가 염소를 포함하고 있기 때문에 소각할 때 dioxin을 생성할 수 있는 것으로 의심되고 있다. 이러한 이유들로 각국에서는 사용 기간이 짧은 일회용품 등에 PVC를 사용할 수 없도록 하기 위한 법안을 채택하고 있다. 그러나 PVC의 물성과 가격에 견줄 수 있는 재료가 아직 개발되어 있지 않기 때문에 PVC의 사용 규제에 따른 불편함은 피할 수 없는 상태이다.

그림 13-4 PVC의 대표적인 활용 예. 창틀과 파이프, 연질 PVC 필름.

폴리우레탄(PU)

하이드록시기(-OH)와 isocyanate기(-NCO) 사이의 반응으로 urethane 결합이 생성되는데, 이와 같이 urethane 결합으로 이루어진 고분자를 polyurethane이라고 한다.

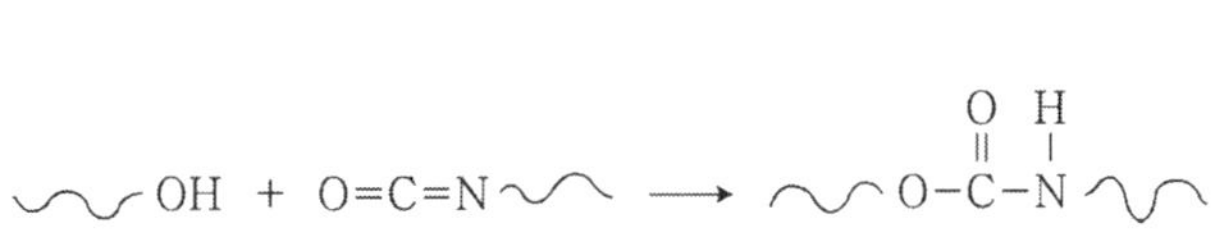

2,4-tolylene diisocyanate(TDI), methylene diisocyante(MDI) 등 isocyanate 화합물과 poly(ethylene oxide) 혹은 polyester glycol 등 hydroxyl 화합물이 polyurethane을 제조하는 데 사용된다.

1,4-butanediol과 TDI 사이의 반응을 예로 들면,

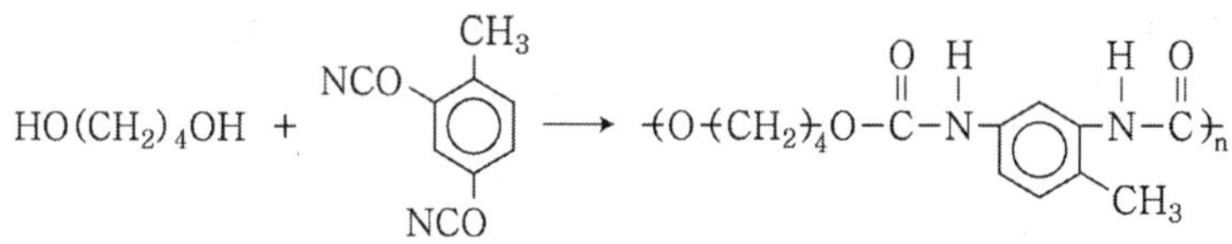

와 같이 OH 작용기와 NCO 작용기 사이에서 $-\overset{H}{\underset{}{N}}-\overset{O}{\overset{\|}{C}}-O-$의 urethane 결합을 만들면서 단계 중합 방식으로 polyurethane이 생성된다.

Polyurethane계 합성고무는 기계적인 강도가 천연고무의 1.5 ~2배이며, 이중 결합을 가지고 있지 않으므로 내구성이 좋다. 또한 인열 강도(tear strength) 및 내마모성(wear resistance)이 우수하고 난연성(flame retardance)을 가지는 장점이 있으나 알칼리에 의하여 가수분해되는 단점을 가지고 있다.

표 13-1 Polyurethane의 제조에 사용되는 diisocyanate 및 diol류

diisocyanate	diol
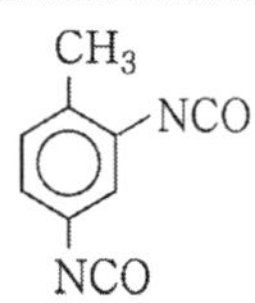 2,4-tolylene diisocyanate	$HO-CH_2CH_2-OH$ ethylene glycol $HO-\underset{CH_3}{\underset{\mid}{CH}}-CH_2-OH$ propylene glycol
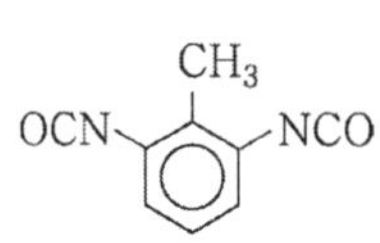 2,6-tolylene diisocyanate	$HO(CH_2)_4OH$ 1,4-butane diol
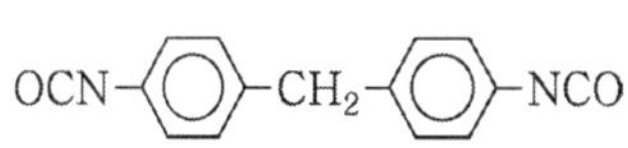 methylene diisocyanate(MDI)	$HO\!\leftarrow\!(CH_2)_5-\overset{O}{\overset{\|}{C}}-O\!\rightarrow_n CH_2CH_2OH$ polyester glycol
$OCN(CH_2)_6NCO$ hexamethylene diisocyanate	$HO\!\leftarrow\!CH_2-CH_2-O\!\rightarrow_n H$ poly(ethylene oxide)
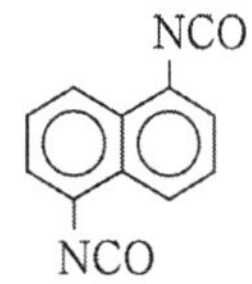 naphthalene-1,5-diisocyanate	$HO\!\leftarrow\!\underset{CH_3}{\underset{\mid}{CH}}-CH_2-O\!\rightarrow_n H$ poly(propylene oxide)

Polyurethane은 합성섬유로 이용되면 탄성이 좋으므로 Spandex® 섬유를 만들기도 한다. 접착제나 페인트에도 polyurethane이 사용되며, polyurethane을 발포하여 각종 쿠션 재료나 단열재, 방음재 등으로 사용하고 있다.

에폭시 수지

분자 내에 2개 이상의 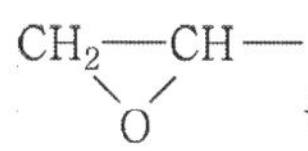 를 가지고 있는 화합물로, 대표적인 에폭시(epoxy) 수지는 다음과 같은 구조를 가지고 있다.

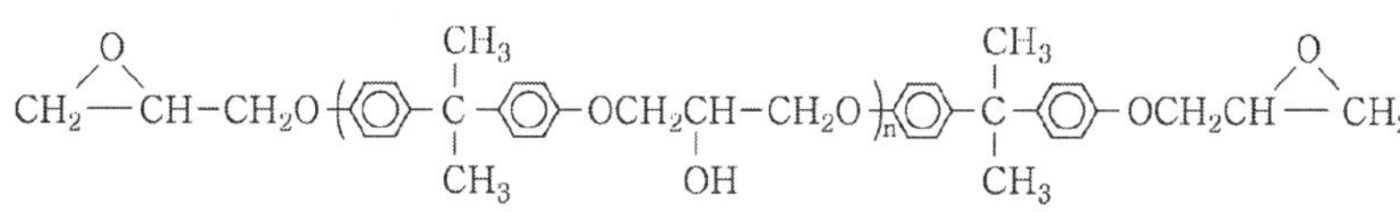

diglycidyl ether of bisphenol A(DGEBA)

Epoxy기는 아민기(-NH_2) 또는 하이드록시기(-OH)와 반응하여 중합되며, epoxy 수지 자체 내에 있는 하이드록시기와 반응하여 가교될 수 있다. 일반적으로 epoxy는 아민 화합물에 의하여 경화되는데, 아민 화합물의 반응성에 따라 실온 경화제 혹은 고온 경화제로 분류하여 용도에 맞게 사용한다. 아민 외에 무수물도 경화제로 사용할 수 있다.

Epoxy 수지 경화물은 강도가 높고 치수 안정성이 양호하며 흡수율이 비교적 낮다. 그 외 내약품성, 전기절연성이 우수하지만 색깔이 황색이고 열변형 온도가 그다지 높지 않다. Epoxy 수지 접착제는 휘발성 용매를 포함하지 않으므로 경화됨에 따라 수축 현상이 적게 일어나며 접착 강도가 크고 접착 시에 압력이 거의 필요하지 않다. Epoxy 수지는 페인트에도 사용되며, 딱딱하고 우수한 내약품성을 가지는 도막(coating)을 형성할 수 있다.

제 14 장

공중합

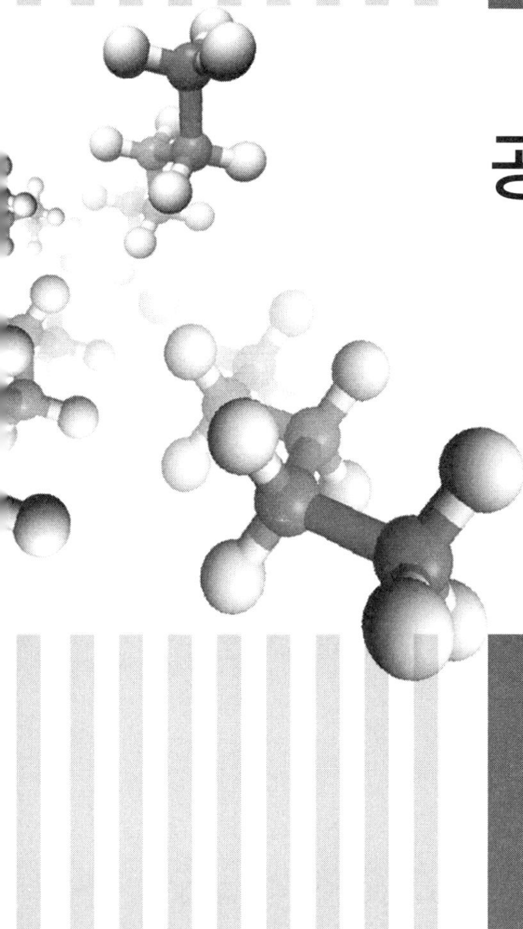

단일 중합체에 비하여 공중합체는 조성과 구조를 변화시킴으로써 다양한 물성을 구현할 수 있으므로 고분자의 물성을 개선하기 위하여 공중합 기술이 자주 이용된다.

배위 중합 촉매로 에틸렌을 중합하면 HDPE가 생성되며, 에틸렌과 α-olefin을 공중합하면 α-olefin의 함량에 따라 MDPE, LLDPE, VLDPE, ULDPE 등 다양한 성능을 갖는 공중합체를 얻을 수 있다. 따라서 단일 중합체로 얻을 수 있는 물성의 범위는 극히 한정되지만 공중합체는 그 조성과 구조에 따라 다양한 물성을 나타낸다.

공중합체에는 교대 공중합체, 불규칙 공중합체, block 공중합체 및 graft 공중합체가 있으며, 그 개략적인 구조는 그림 14-1과 같다.

M_1과 M_2의 공중합은 다음 4종류의 생장 반응으로 요약할 수 있다.

$$M_1^* + M_1 \xrightarrow{k_{11}} M_1^* \quad \cdots\cdots ①$$

$$M_1^* + M_2 \xrightarrow{k_{12}} M_2^* \quad \cdots\cdots ②$$

$$M_2^* + M_1 \xrightarrow{k_{21}} M_1^* \quad \cdots\cdots ③$$

$$M_2^* + M_2 \xrightarrow{k_{21}} M_2^* \quad \cdots\cdots ④$$

여기서 M_1^* 및 M_2^*는 활성점의 끝에 있는 단량체가 각각 M_1 및 M_2인 성장 사슬(active polymer)을 나타낸다. 중합에 참여하는 단량체들의 반응성 비 r_1, r_2은

$$r_1 = \frac{k_{11}}{k_{12}} \qquad r_2 = \frac{k_{22}}{k_{21}}$$

로 정의된다.

이때 r_1과 r_2값이 서로 비슷하면 공중합이 잘 일어날 수 있으나 r_1이 크고 r_2가 매우 작으면(또는 그 반대일 경우) 공중합이 일어나기 힘들다. 스타이렌과 뷰타다이엔을 불규칙 공중합하면 SBR이 생성되며, block 공중합하면 SBS와 같은 열가소성

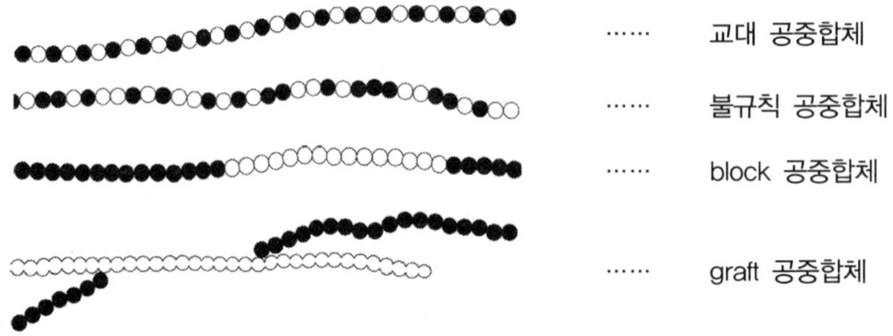

그림 14-1 공중합체의 종류와 개략도

고무를 합성할 수 있다. 따라서 같은 종류의 단량체를 사용하더라도 공중합 방식에 따라 공중합체의 물성이 크게 달라질 수 있다. 표 14-1은 라디칼 공중합에서 반응성 비를 나타낸 것이다.

에틸렌과 바이닐아세테이트의 경우 $r_1 \approx 1$, $r_2 \approx 1$이므로 이 공중합은 아주 잘 일어날 수 있으며 불규칙 공중합체가 만들어진다. 스타이렌과 무수 말레산계의 경우 $r_1 \approx 0$, $r_2 \approx 0$이므로 이 공중합은 교대 공중합체를 생성한다.

표 14-1 라디칼 공중합에서의 단량체 반응성 비

M_1	M_2	r_1	r_2	r_1r_2
tmxkdlf	maleic anhydride	0	0	0
styrene	methyl methacrylate	0.5	0.5	0.3
butadiene	methyl methacrylate	0.7	0.3	0.2
butadiene	styrene	1.4	0.8	1.1
acrylonitrile	styrene	0	0.4	0
acrylonitrile	vinyl chloride	2.7	0	0
vinylidene chloride	acrylonitrile	0.4	0.9	0.4
vinylidene chloride	vinyl chloride	3.2	0.3	1
vinyl chloride	vinyl acetate	1.4	0.65	0.9
ethylene	vinyl acetate	1.0	1.0	1.0
methyl methacrylate	methacrylamide	1.5	0.5	0.8

제 15 장

고분자 블렌드

고분자 블렌드는 서로 다른 고분자를 물리적으로 혼합하여 다양한 물성을 나타내도록 한 것이다.

고분자의 물성을 개질하는 방법으로 공중합 대신, 서로 다른 고분자를 물리적으로 혼합하는 고분자 blend 방법이 훨씬 다양한 물성을 구현할 수 있고 비용도 적게 드는 경우가 많다.

서로 다른 고분자를 blending할 때 고분자가 분자 수준으로 혼합되는 경우에는 혼화성(miscibility)이 있다고 하며, 분자 수준까지 혼합된 상태는 아니지만 실용적인 측면에서 목표하는 물성에 긍정적인 결과를 가지고 올 정도로 혼합된 경우에는 상용성(compatibility)이 있다고 말한다. 대부분의 경우에는 miscible, compatible을 굳이 구별하지 않고 혼용하고 있으며, miscible하거나 compatible할 경우 그 고분자 쌍은 상용성이 있다고 말한다.

그러나 고분자들은 대부분 서로 잘 혼합되기가 어려워 비상용계를 이룬다. 상용성이 없는 경우, block 공중합체 또는 graft 공중합체 구조를 갖는 상용화제(compatibilizer)를 사용하여 그림 15-1과 같이 고분자 blend의 상용성을 증대시킨다.

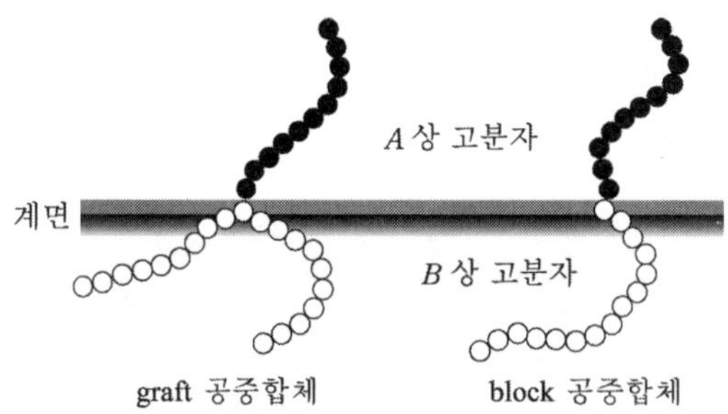

그림 15-1 고분자 blend에서 block 또는 graft 공중합체가 계면에 위치하는 이상적인 경우의 모식도

Blend하고자 하는 고분자와 반응할 수 있는 반응기를 가지고 있는 반응성 상용화제를 사용하여 서로 다른 고분자와의 계면 접착을 향상시키는 방법도 사용되고 있다. 또한 가교 결합된 고분자를 팽윤시킨 상태에서 다른 단량체를 가교 중합시키면 그림 15-2와 같은 상호침투 가교 고분자(interpenetrating polymer network, IPN)를 형성할 수 있다.

고분자를 blending하는 방법으로는 용매에 각 고분자를 용해하여 섞은 후 용매를 증발시키는 방법이 있지만, 공업적으로는 두 고분자를 용융 상태에서 기계적인 전단을 가하여 혼합하는 방법을 주로 이용한다. 이 경우 두 고분자의 점도가 상호 유사할 때 혼합이 가장 잘 이루어진다.

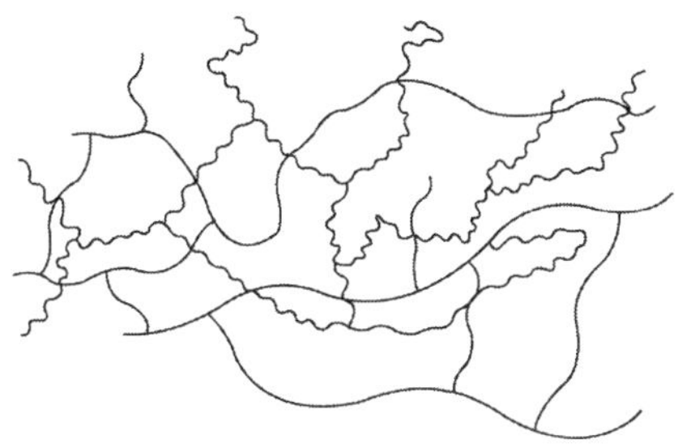

그림 15-2 상호침투 가교 고분자

제16장

고분자의 기계적 성질

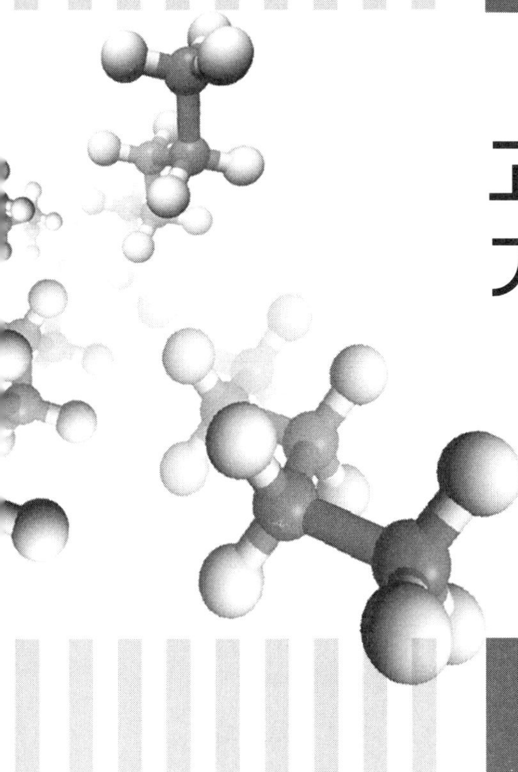

고분자의 기계적 성질은 분자 운동과 밀접한 관계를 갖는데, 고분자 사슬에 힘이나 열이 가해지면 사슬의 segment가 움직이게 되고, 궁극적으로는 사슬 전체가 움직인다. 분자 운동은 사슬 구조와 자유 부피에 의해 좌우된다.

저분자 유기물과 고분자의 벌크 상태는 기본적으로 같은 요소들, 즉 화학 결합, 분자간 상호작용, 열운동, 분자 구조의 규칙적 배열 가능성 등에 의해 결정된다. 그러나 고분자의 물리적 상태와 기계적 특성 등은 저분자 유기물과는 크게 다르다.

특히 고분자의 기계적 성질은 분자 운동과 밀접한 관계를 갖는데, 고분자 사슬에 외부로부터 힘이나 열이 가해지면 이에 응답하여 사슬의 일정 부분(즉, segment)이 함께 움직이게 되고, 궁극적으로는 사슬 전체가 움직이게 된다. Segment 운동이 얼마나 쉽게 일어날 수 있는가는 사슬의 구조와 고분자의 자유 부피에 의해 좌우된다. 자유 부피(free volume)란 고분자 사슬이 자유롭게 움직일 수 있는 빈 공간을 뜻한다.

응력과 변형률

외부로부터 물체에 힘이 가해지면 변형이 일어난다. 이를 정의하기 위해서는 힘과 변형 사이의 상관관계를 정량화할 필요가 있다. 먼저 연속체 내의 작은 육면체의 부피 요소를 택하여 연속체가 이 부피 요소에 가하는 힘을 생각해 보자. 이때 힘은 부피 요소 각 면에 수직으로 작용하는 성분들로 나누어 생각할 수 있다.

그림 16-1은 이와 같은 힘의 성분 중에서 x축에 수직인 면 A에 작용하는 단위 면적당 힘 F_x를 보여 주고 있다. F_x는 벡터인데 그림에서와 같이 부피 요소의 세 변을 따라 τ_{xx}, τ_{xy}, τ_{xz}로 분해할 수 있다. 이 부피 요소에는 세 쌍의 동일한(서로 마주 보는) 면들이 존재하고, y축과 z축에 각각 수직인 나머지 두 면(B와 C)에 대해서도 힘의 성분을 마찬가지로 분해할 수 있다.

따라서 단위 면적당 작용하는 힘인 응력(stress)은 모두 9개의 성분을 갖게 되는데, 이 중에서 서로 직교하는 세 면에 각각 수직으로 작용하는 성분 τ_{xx}, τ_{yy}, τ_{zz}를

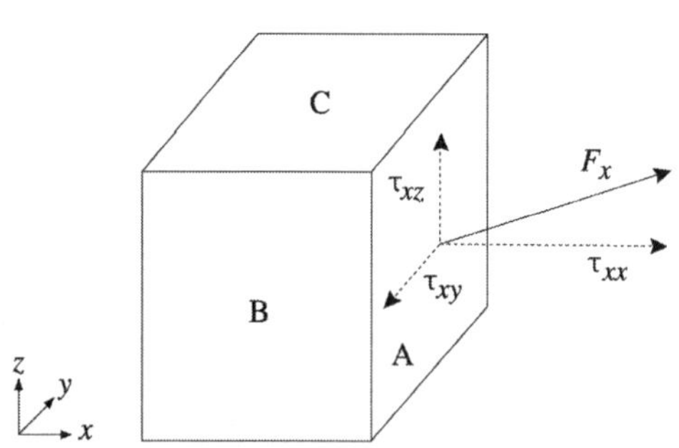

그림 16-1 부피 요소에 작용하는 힘과 stress tensor

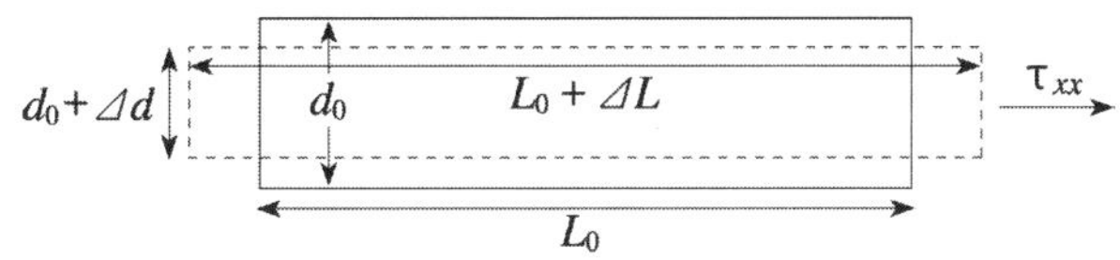

그림 16-2 인장 실험에서의 치수 변화

수직 응력(normal stress)이라 하고, τ_{xy} 등 나머지 여섯 가지 성분을 전단 응력(shear stress)이라 한다. 수직 응력과 전단 응력을 합하여 stress tensor라 부르는데, stress tensor는 대칭성을 가진다.

응력에는 여러 종류가 있으나 여기서는 몇 가지 경우에 대해서만 고찰하고자 한다. 우선, 끈을 잡아당기는 것과 같이 하나의 수직 응력 성분만이 0이 아닌 경우(즉, 나머지 stress 성분은 모두 0)를 인장 응력(tensile stress or tension)이라고 한다. 만일 플라스틱 시트를 서로 직교하는 두 방향으로 연신한다면 이는 이축 연신(biaxial tension)에 해당하며, 두 개의 평행인 판 사이에 시편을 넣고 두 판을 원래 판 방향과 나란하지만 서로 반대인 방향으로 강제로 움직이면 이 물체는 단순 전단(simple shear)을 받은 경우이다.

외부에서 가해진 응력에 의해 재료에 나타나는 변형의 크기는 또 다른 tensor양인 변형률(strain), γ_{xx}로 나타낼 수 있다. 인장 변형을 예로 들면 그림 16-2에서와 같이 직경이 d_0인 단면을 가지며 길이가 L_0인 시편에 인장 응력 τ_{xx}를 가했다고 가정하자. 시편의 길이가 ΔL만큼 늘어났다면 인장 변형률은 $\gamma_{xx} = \Delta L/L_0$로 정의된다.

응력 대 변형률의 비는 탄성 계수(modulus of elasticity) 또는 영률(Young's modulus)이라고 하는데 다음과 같이 정의된다.

$$E \equiv \frac{\tau_{xx}}{\gamma_{xx}} \equiv \frac{F/A_0}{\Delta L/L_0}$$

여기서 A_0는 힘 F가 가해진 단면의 변형 이전의 면적이다.

한편, 시편의 길이가 연신 방향으로 늘어나면서 동시에 연신 방향 x에 수직인 y 및 z 방향으로는 수축이 일어난다. 이에 따라 포아송 비(Poisson ratio) ν를 아래와 같이 정의하게 된다.

$$\nu \equiv -\frac{\gamma_{yy}}{\gamma_{xx}} = -\frac{\Delta d/d_0}{\Delta L/L_0}$$

단순 전단 실험에서 전단 응력(τ_{yx})을 받아 γ_{yx}의 전단 변형률이 발생했다면(그림

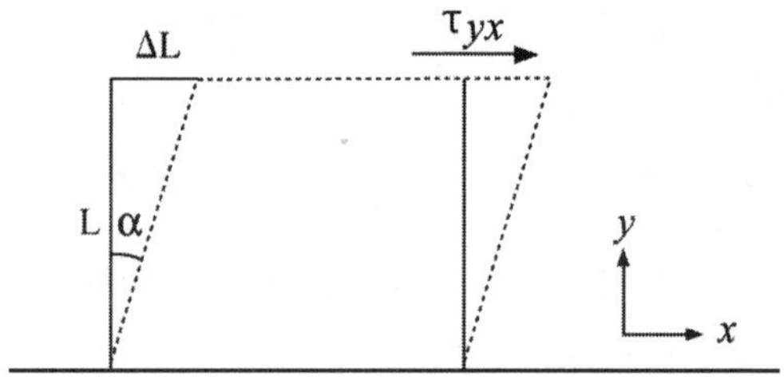

그림 16-3 단순 전단 실험에서의 stress와 strain

16-3), 이때의 전단 모듈러스(shear modulus) G는 전단 응력을 전단 변형률로 나눈 값이다. 즉,

$$\tau_{yx} = G \cdot \gamma_{yx}$$

그림 16-3에서 전단 변형률 γ_{yx}는 tan α로 구할 수 있다.

한편, 벌크 모듈러스(bulk modulus) K는 다음과 같이 압력(hydrostatic pressure) P가 가해졌을 때의 부피 변화(ΔV)로 나타낼 수 있다.

$$P = -K(\frac{\Delta V}{V_0})$$

여기서 V_0는 응력이 가해지기 전 시편의 부피이며, K는 등온 압축률(compressibility)의 역수에 해당한다.

이처럼 응력과 변형의 유형에 따라 서로 다른 모듈러스를 정의하게 되는데 K, G, E는 포아송 비를 매개로 하여 다음과 같이 나타낼 수 있다.

$$E = 2G(1+\nu) = 3K(1-2\nu)$$

고무와 같은 네트워크 탄성체(elastic network)는 비압축성(noncompressible) 물질로 연신에 따른 부피 변화가 전혀 없으며, 따라서 포아송 비는 0.5이다. 플라스틱들은 대개 0.2~0.4 정도의 포아송 비를 갖는다.

응력에 대한 반응은 물질의 종류에 따라 크게 다르게 나타난다. 예를 들어 탄성 고체(elastic solid)는 응력이 가해지면 순간적으로 변형이 일어나고, 응력이 제거되면 원래 모양으로 즉시 되돌아간다. 점성 액체(viscous liquid)는 전단 응력에 의해서 흐르게 되는데, 이때는 전단 변형률 대신 전단 변형률의 시간에 대한 미분(derivative or rate of shear strain, $\dot{\gamma}$)에 영향을 받게 된다. 즉, 변형이 시간의 함수로 나타나며 응력을 제거하여도 원래 모양으로 되돌아갈 수 없다.

점탄성

고분자는 탄성 고체와 점성 액체의 중간 거동을 나타내므로, 점탄성(viscoelastic) 물질이라 불린다.

저분자량 유기물의 상태는 1차 전이 현상인 용융(melting)과 비등(boiling)에 따라 결정 고체, 액체, 기체로 크게 구분된다. 그러나 고분자는 비등점에 도달하기 전에 분해되어 기체상을 나타낼 수 없으며, 결정 고체가 형성되더라도 완전한 결정 상태를 취할 수 없어 부분 결정(semicrystalline) 상태에 머물고 만다. 즉, 결정성은 항상 100% 미만이다. 결국 많은 고분자들이 온도가 내려가도 전혀 결정화되지 못하고 다만 유리화(vitrify)될 뿐이다. 반대로 온도가 올라가면 점성이 있는 액체로 바뀐다.

고분자의 점탄성 특성은 온도에 따른 영률 변화를 관찰하면 쉽게 이해할 수 있다. 그림 16-4의 실선은 1분당 1°C 정도의 매우 낮은 속도로 시편의 온도 변화에 따른 선형 비결정 고분자의 영률 변화를 나타낸 것이다.

이때 그 특성에 따라 크게 다음과 같이 다섯 영역으로 구분할 수 있다.

여기서 주목할 것은 그림의 종축에는 영률의 값이 표시되어 있지만 횡축에는 온도가 나타나 있지 않다는 사실이다. 이는 고분자의 종류에 따라 각 특성이 나타나는 온도 범위가 다르다는 것을 의미한다.

① 유리 영역(Glassy Region)

선형 무정형 고분자는 낮은 온도에서 대개 딱딱하고 깨지기 쉽다. 상온에서의 PS,

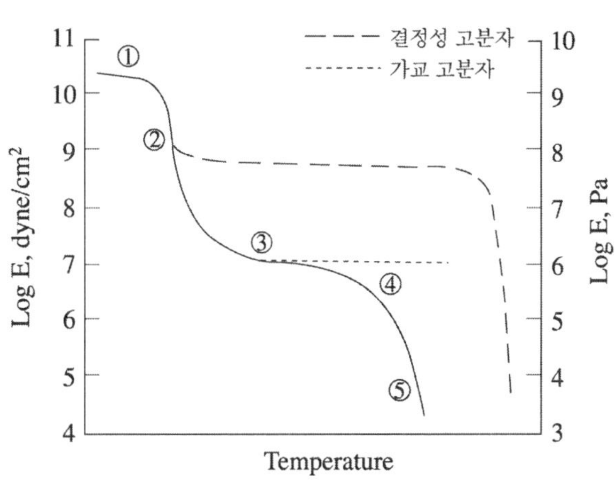

그림 16-4 선형 비결정 고분자의 점탄성 거동

PMMA 등이 여기에 속하는데, 이 영역에서 영률은 고분자 종류와 무관하게 3 GPa(3×10^{10} dyne/cm^2) 정도로 거의 일정하다. 분자 운동은 매우 제한적이어서 원자들의 소규모 진동이나 단거리 회전 운동 등에 국한된다.

② 유리 전이 영역(Glass-to-Rubber Transition Region)

유리 영역의 고분자는 온도가 높아지면서 대략 20~30°C 온도 범위에서 영률이 약 1000배 정도 급격히 감소한다. 영률은 외부 응력에 대한 재료의 저항을 나타내는 척도인데, 이것이 크게 감소한다는 것은 재료가 훨씬 유연하게 느껴진다는 것을 의미한다. 이때 고분자는 가죽과 같은(leathery) 느낌을 준다.

영률의 감소율이 가장 큰 점이 바로 유리 전이 온도(T_g)인데, T_g 전후에서 고분자의 열팽창 계수가 갑자기 비연속적으로 크게 변화하는 등 기계적, 열적, 전기적, 자기적 특성들이 큰 변화를 보인다.

분자 운동의 측면에서 유리 전이 영역에서는 광범위한 집합적(long- range, coordinated) 분자 운동 또는 segmental motion이 시작된다고 말하며, 이때 고분자 사슬의 골격을 구성하는 10~50개 정도의 원자들이 움직이는 것으로 알려져 있다.

고분자의 Tg는 당연히 그 구조와 기타 인자들의 영향을 받으며, 궁극적으로 고분자의 용도를 결정짓는 중요한 요소로 작용한다. 특히 분자 사슬의 자유 부피나 운동성에 영향을 미칠 수 있는 분자량, 화학 구조, 결정성, 압력 등에 미치는 역할이 매우 크다. 표 16-1에 몇 가지 무정형 고분자들의 T_g를 나타내었다.

표 16-1 무정형 고분자의 유리 전이 온도(T_g)

고분자	T_g (°C)
polydimethylsiloxane	123
poly(vinyl acetate)	28
polystyrene	100
poly(methyl methacrylate)	105
polycarbonate	150
polysulfone	190

③ 고무상 평탄 영역(Rubbery Plateau Region)

고분자의 영률은 유리 전이 영역을 거친 후, 고무상 영역에서 다시 2 MPa 정도의 일정한 값을 나타낸다. 그러나 이 영역에서는 고분자의 구조에 따라 다소 다른 특성들을 나타낸다. 즉, 무정형 고분자가 선형일 때와 가교되었을 때의 거동이 다르고, 결정성 고분자의 특성은 무정형 고분자와 다르다.

먼저 고분자가 선형일 경우(그림16-4의 실선), 영률은 서서히 감소하는데 plateau의 폭은 분자량에 비례하게 된다. 특히 이때의 고무 특성은 구조적 특성 때문에(즉, 화학적 가교가 아닌 물리적 가교에 의해) 한시적으로 나타난다. 상온에서 고무상 평탄 영역에 해당하는 선형 고분자의 예가 바로 천연고무이다.

콜럼버스가 미 대륙에 도착했을 때 아메리칸 인디언들이 고무나무에서 채취한 천연고무로 공을 만들어 놀고 있는 것을 목격했다. 화학적으로 가교가 되어 있지 않았던 천연고무는 선형 고분자이므로 모양이 쉽게 변할 뿐 아니라 가만히 두면 creep가 일어난다. 천연고무를 둥글게 주물러 만든 공은 가만히 놓아두면 바닥에 납작하게 붙어 버리곤 하였다.

이와 달리 화학적 가교에 의해 네트워크가 형성된 경우(그림 16-4의 가는 점선), 원래의 고무 탄성(rubber elasticity)이 나타난다. 즉 활발한 분자 운동에 의해 연신에 따른 손쉬운 변형과 네트워크 구조에 의한 원형 회복이 가역적으로 반복하여 나타날 수 있다.

이제까지는 무정형 고분자에 해당되는 내용이었으나, 고분자가 결정성을 가지는 경우에는 그림 16-4의 굵은 점선을 따른다. 즉, 결정 영역이 일종의 충진재로 작용하거나, 물리적 가교로 작용하여 rubbery plateau의 높이(즉, 영률)는 결정성에 비례하여 높아지고, plateau는 계속 연장되다가 결국 녹는점에 이르게 된다.

④ 고무상 흐름 영역(Rubbery Flow Region)

이 영역에서 선형 비결정 고분자는 조건에 따라 고무 탄성과 흐름 특성을 보인다. 즉, 시간이 짧으면 고분자는 고무의 특성을 보이지만, 시간이 충분하면 흐를 수 있다. 가교된 고분자는 흐를 수 없으므로 이 영역이 나타나지 않는다.

⑤ 액체 흐름 영역(Liquid Flow Region)

이 영역에서는 용융된 고분자가 액체와 같이 흐르게 된다. 고분자의 용융 점도는 분자들의 엉킴 등으로 인해 저분자량 유기물의 점도보다 매우 높다. 결정성 고분자는 이 영역 이하에서는 영률이 결정성에 비례하여 꽤 높으나 용융 온도에서 급격히 감소하여 비결정성 고분자의 영률과 거의 같아진다.

이처럼 고분자의 기계적 성질은 온도에 따라 크게 변하므로 결과적으로 T_g가 고분자의 용도를 결정하게 된다. 단단한 플라스틱으로 주로 쓰이는 무정형 고분자들은 대개 T_g가 상온보다 매우 높고, 탄성체인 고무의 T_g는 상온보다 크게 낮다. 물론 결정성 고분자의 경우에는 보다 복잡한 양상을 보인다.

크리프와 응력 완화

고분자 물질은 순수한 탄성 고체도 아니고 순수한 점성 액체도 아니지만 때로는 탄성과 점성을 동시에 나타내기도 한다. 점탄성을 정량적으로 설명하기 위해서는 크리프와 응력 완화를 이해할 필요가 있다.

크리프(creep, 일정 응력 변형)란 시편에 일정한 크기의 응력을 가한 채로 시간에 따른 변형률의 변화를 관찰하는 것이다.

스프링과 같은 완전한 탄성 고체의 경우에는 이 조건에서 순간적으로 일정한 변형률을 나타낸 뒤, 이 값이 계속 유지될 것이다(그림 16-5 ⓐ). 점성 액체는 다음과 같은 Newton의 법칙이 적용되므로 점성 액체의 변형률은 일정한 기울기를 가지면서 무한히 증가한다(그림 16-5 ⓑ).

$$\tau = \eta(d\gamma/dt)$$

이때 기울기는 점도(η)의 역수에 비례한다.

점탄성 물질의 경우, 최초에 변형이 어느 정도 생긴 뒤 시간이 지남에 따라 변형이 증가하는데, 그 증가 속도는 점차 감소한다. 점탄성 물질은 그 특성에 따라 점탄성 액체와 점탄성 고체로 나눌 수 있는데, 전자의 경우 변형률 증가 속도가 궁극적

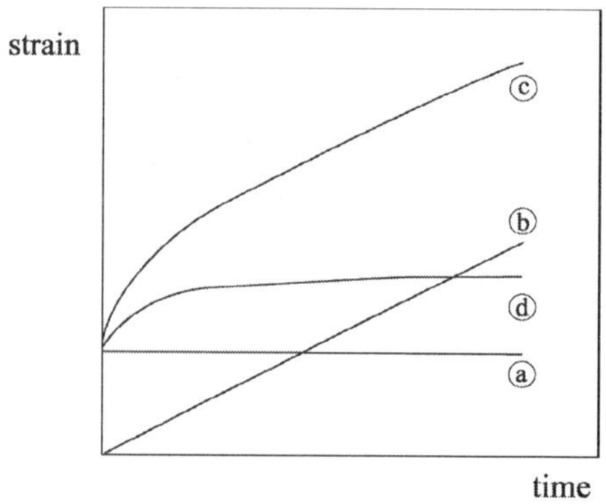

그림 16-5 Creep 거동의 예

으로 일정한 값에 도달하여 마치 액체와 같은 거동을 보이게 된다(그림 16-5 ⓒ). 점탄성 고체의 변형률은 궁극적으로 일정한 값에 도달하므로(즉, 증가 속도 = 0) 그림 16-5 ⓓ와 같은 거동을 보인다. 물론 점탄성 액체와 점탄성 고체의 중간 특성을 갖는 물질도 있으나, 이들 모두 공통적으로 크리프에 따라 순간적으로 변형률이 생긴 뒤, 서서히 증가하는 모습을 보인다.

응력 완화(stress relaxation)에서는 그림 16-6과 같이 재료에 일정한 변형을 가한 채로 응력의 변화를 시간에 따라 관찰한다.

탄성 고체의 응력은 그림 16-6 ⓐ와 같이 시간과 관계없이 일정한 값을 나타내지만, 점성 액체(그림 16-6 ⓑ)의 응력은 항상 0이다. 점탄성 고체의 응력은 그림 16-6 ⓒ와 같이 유한한 값으로 서서히 이완되지만, 점탄성 액체(그림 16-6 ⓓ)의 경우에는 시간이 지남에 따라 점차 이완하여 결국 응력은 없어진다.

Stress relaxation과 creep가 다소 긴 시간에 걸쳐 고분자의 점탄성 거동을 묘사한다면, 보다 짧은 시간에서의 거동은 동적인(dynamic) 주기적 반복(cyclic) 실험으로 알아볼 수 있다. 동적 기계적 분석(dynamic mechanical analysis)은 응력 또는 변형률을 시간의 삼각함수 형태로 변화시키면서 이에 따른 변형률 또는 응력을 관찰하는 것이다. 이때 가해지는 삼각함수의 진폭은 충분히 작아서, 선형 점탄성(linear viscoelasticity)을 가정할 수 있다. 예를 들어 고분자 시편에 sine 함수인 변형률을 가한다면, 변형률 sine 함수와는 진폭이 다르고 위상차가 δ인 또 다른 sine 함수의 응력이 발생한다(이때 $0 < \delta < 90°$).

이런 상황에서는 응력 대 변형률의 비인 모듈러스(E^* 또는 G^*)가 복소수 형태를 띠게 되고 그 실수 부분을 저장 탄성률(storage modulus, E' 또는 G'), 허수 부분을 손실 탄성률(loss modulus, E'' 또는 G'')이라 부른다.

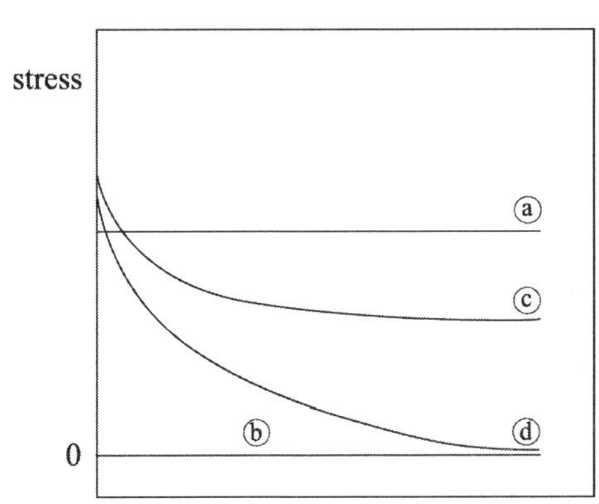

그림 16-6 Stress relaxation 거동의 예

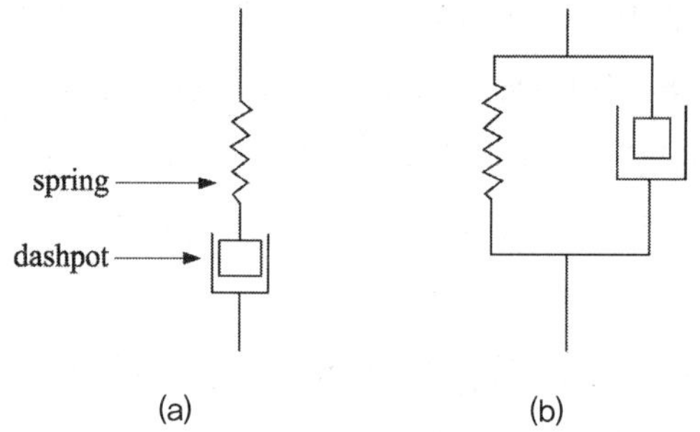

그림 16-7 기본 점탄성 모델. (a) Maxwell 요소, (b) Voigt 요소.

$$G^* = G' + iG'', \quad E^* = E' + iE''$$

$$\tan\delta = \frac{G''}{G'} = \frac{E''}{E'}$$

저장 탄성률은 점탄성체의 변형 과정에서 재료 내에 저장되는 탄성 에너지의 척도이며, 손실 탄성률은 이 과정에서 열로 방출되는 에너지를 나타낸다. 손실 탄성률 대 저장 탄성률을 loss tangent(즉, tan δ)라 한다. 한편, 동적 기계적 분석에서 얻어지는 E^*의 절대값($|E^*| = \sqrt{E'^2 + E''^2}$)은 정적(quasistatic) 기계적 실험으로 얻는 영률 E와 그 크기가 같다.

점탄성 물질들의 기계적 성질은 탄성 고체를 대표하는 스프링과 점성 액체를 대표하는 dashpot을 적절히 조합하여 정량적으로 모델화할 수 있다. Dashpot은 점성 액체가 채워진 실린더 내에 피스톤이 왕복운동하도록 되어 있는 장치로, 피스톤 운동 시 마찰은 무시할 수 있다.

점탄성의 기본적인 모델에는 그림 16-7에서 볼 수 있듯이 스프링과 dashpot을 직렬로 연결한 Maxwell element와 병렬로 연결한 Voigt element가 있다. 물론 실제 고분자의 점탄성을 제대로 묘사하기 위해서 이들 기본 요소들을 여러 가지 방법으로 적절히 조합하여 사용할 수 있다.

고분자의 응력-변형률 곡선

고분자들의 기계적 성질을 살펴보는 또 다른 방법에는 응력-변형률 곡선(stress-strain curve) 실험이 있다. 표준시험법에서 정한 규격의 시편을 원하는 온도에서 정해진 속도로 인장하면서 응력과 변형률의 상관관계를 측정한다.

그림 16-8은 대표적인 세 종류의 고분자를 상온에서 측정한 결과이다. 공통적으로 변형률이 작을 때 응력과 변형률이 직선 관계를 보이는데, 이 기울기가 바로 영률(Young's modulus)이다. 이때의 응력은 인장 시 시료의 단면적의 변화를 고려하지 않은 겉보기 응력(engineering stress)이다. 시편이 응력을 견디지 못하고 파괴될 때 파괴점에서의 응력을 파단 강도(fracture strength)라 하고, 이때의 변형률을 파괴점 신장률(elongation at break)이라 한다. 이때 인장 강도(tensile stress or strength)는 stress-strain curve의 최고점에 해당되는 stress 값이다. 그림 16-8 ⓐ는 폴리스타이렌과 같이 비교적 깨지기 쉬운 유리 상태 고분자의 거동인데, 약 1~2% 정도의 변형률에서 파단될 때까지 거의 직선을 나타낸다. 대개 최대 인장 강도는 60 MPa 전후이다.

폴리에틸렌을 포함한 대부분의 결정성 고분자들(이때 무정형 부분의 T_g는 상온보다 낮다)은 그림 16-8 ⓑ와 같은 거동을 나타낸다. 즉, 초기의 영률은 깨지기 쉬운 유리 상태 플라스틱보다 낮으며 항복 현상을 보이지만 항복점을 지나면 거의 일정한 응력 하에서 상당한 연신을 나타낸다. 이를 냉연신(cold drawing), 또는 소성유동(plastic flow)이라 부르기도 하는데, 비선형 점탄성의 결과이다. 소성 유동 영역에서 대략 20~50 MPa 정도의 응력을 보이며 약 50% 정도의 파괴점 신장률을 보인다. 이런 유형의 고분자는 질긴(tough) 플라스틱이라 부른다.

고분자의 강인성(toughness)은 stress-strain curve의 면적으로 측정할 수 있다. 이 면적은 단위 부피당 에너지로 재료를 변형시키는 데 필요한 일에 해당한다. 항복현상을 나타내는 질긴 플라스틱들의 최대 인장 강도는 의미가 없으며 항복점에서의 응력인 항복강도(yield strength)가 중요하다.

한편, 그림 16-8 ⓒ는 네트워크 탄성체, 즉 고무의 전형적인 거동인데 고무 탄성

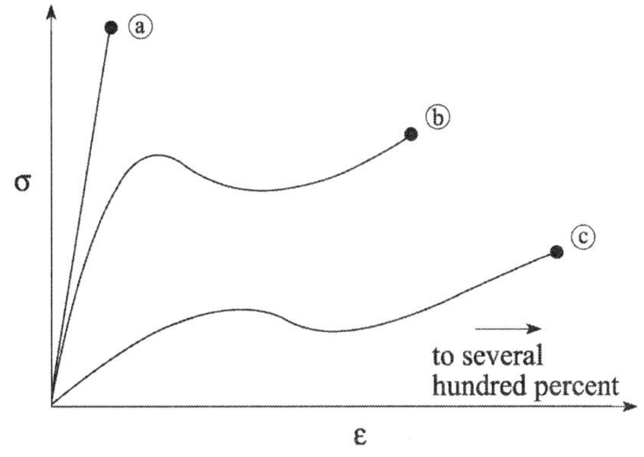

그림 16-8 세 가지 유형의 고분자들의 stress-strain 거동

(rubber elasticity)이 지배하게 된다. 특히 파괴점 신장률은 수백 %에 달한다. 네트워크 탄성체의 최대 인장 강도는 대체로 매우 낮지만, 카본블랙 등 충진재(fillers)로 보강하면 강도가 향상된다. 또, 천연 고무와 같이 연신에 의한 결정화(strain induced crystallization)가 가능한 경우에는 결정화에 따라 강도가 꽤 증가하게 된다.

제 17 장

엔지니어링 플라스틱

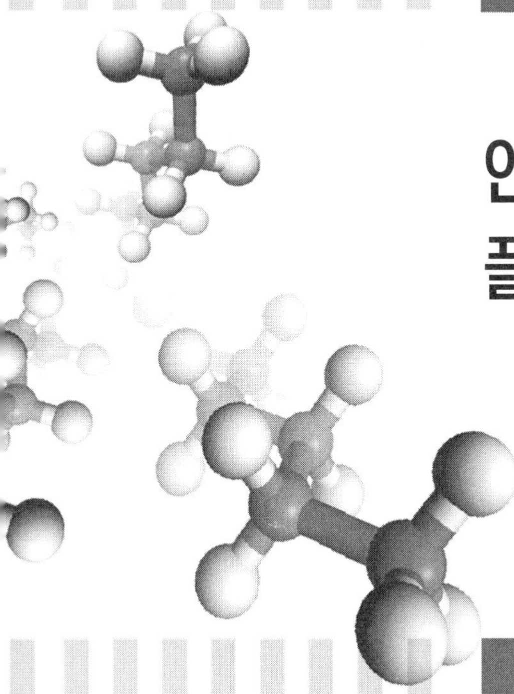

엔지니어링 플라스틱에는 범용 엔지니어링 플라스틱과 특수 엔지니어링 플라스틱이 있으며 나일론, 폴리카보네이트, 폴리아세탈, 폴리에스터, MPPO가 엔지니어링 플라스틱 중 가장 많이 사용되고 있다.

엔지니어링 플라스틱(engineering plastic)은 기계적 성질이나 내열성 등이 우수하여 전기, 토목, 건축 및 기타 산업에서 구조 재료나 공업 부품으로 사용된다. 인장강도가 500 kgf/cm^2 (49 MPa) 이상이고, 굴곡 탄성률이 20,000 kgf/cm^2 (2 GPa) 이상이며, 100°C 이상의 내열성을 갖는 플라스틱이 엔지니어링 플라스틱에 속한다.

나일론(nylon, polyamide), 폴리카보네이트(polycarbonate, PC), 폴리아세탈(polyacetal, POM), 폴리에스터(polyester, PET 및 PBT), MPPO(modified poly(phenylene oxide)) 고분자는 범용 엔지니어링 플라스틱(commodity engineering plastics)으로, 엔지니어링 플라스틱 중 사용량이 비교적 많은 것을 말하며, 특수 엔지니어링 플라스틱(super engineering plastics)은 내열 온도가 아주 높거나 기계적인 강도가 매우 우수한 플라스틱으로 가격이 비싸기 때문에 특수한 용도에만 사용되며 종류가 아주 많다.

표 17-1은 엔지니어링 플라스틱의 분류표이며, 표 17-2는 엔지니어링 플라스틱의 개발 역사를 수록한 것이다.

표 17-1 엔지니어링 플라스틱의 분류

구 분	엔지니어링 플라스틱
5대 범용	Polyamides (PA) Polycarbonates (PC) Polyesters (PET, PBT) Polyacetals (POM) Modified poly(phenylene oxide)(MPPO)
특수 성능	**Sulfone계 Polymers** Polysulfone (PSF) Polyether sulfone (PES) Poly(aryl sulfone)(PAS) Poly(aryl ether sulfone)(PAES) Poly(phenylene sulfide)(PPS) **Polyimide계 (PI)** Poly(amide imide)(PAI) Poly(ester imide)(PESI) Poly(ether imide)(PEI) **기 타** Poly(ether ether ketone)(PEEK) Aromatic polyamides Polyarylate (PAR) Thermoplastic elastomer (TPE) Fluoro polymers
합금 및 기타	Styrene계 (ABS, SAN, SMA) Acryl계 (AAS, AES, ACS) Polyolefin계 (UHMWPE, PP, Poly(methyl pentene)) Ionomers

표 17-2 엔지니어링 플라스틱의 개발 역사

생산시기	고분자	개발 회사
1939	Nylon 66	Du Pont
1949	Poly(ethylene terephthalate)(PET)	ICI
1950	Polytetrafluoroethylene	Du Pont
1955	Nylon 11	Organico
1958	Polycarbonate	Bayer
1959	Polyacetal	Du Pont
1960	Acetal copolymer	Celanese
1964	Polyimide	Du Pont
1964	Ionomer	Du Pont
1964	Poly(phenylene oxide)	General Electric
1966	Polysulfone	Union Carbide
1966	Modified PPO	General Electric
1966	Nylon 12	Huls, Emser Werke
1968	Poly(phenylene sulfide)	Phillips
1971	Poly(butylene terephthalate)(PBT)	Celanese
1971	Polyarylate	Carborundum
1971	Poly(amide imide)	Amoco
1972	Poly(ether sulfone)	ICI
1972	Filled polyamide	Du Pont, Monsanto
1972	Fluoro polymers	Du Pont, Hoechst
1973	Aromatic polyamide	Du Pont
1976	High impact nylon	Du Pont
1980	Poly(ether ether ketone)	ICI
1982	Poly(ether imide)	General Electric

표 17-3은 엔지니어링 플라스틱의 물성을 상호 비교한 것이며 그림 17-1은 플라스틱의 내열 온도와 가격의 관계를 나타내고 있다. 내열 온도가 높은 플라스틱일수록 가격이 지수적으로 증가함을 알 수 있다.

표 17-3 엔지니어링 플라스틱의 물성

구분	물질이름	인장강도 kgf /cm²	연신율 %	인장탄성률 10^3 kgf /cm²	굴곡 강도 kgf /cm²	굴곡 탄성률 10^3 kgf /cm²	충격강도[1] kgf · cm /cm	연속사용 온도 ℃
5대 범용	Nylon 6	820	200	28	980	23	5.4	110
	Nylon 66	840	200	31	1,190	29	5.4	120
	PET	730	200	21	1,170	28	4.4	110
	PBT	560	250	22	870	24	4.0	110
	PC	650	130	25	900	25	65.0	120
	PPO	680	60	25	950	25	25.0	104
	POM	620	70	29	910	26	8.7	104
특수 성능	PSF	720	100	25	1,100	27	6.0	168
	PES	840	50	24.6	1,300	26.5	8.7	190
	PPS[2]	1,200	1	—	2,000	140	7.0	220~240
	PEI	1,070	60	31	1,480	33.7	5.0	170
	PEEK	930	150	17	—	40	4.1	230
	PAR	750	60	20	950	19	38.0	—
	Teflon	300	300	4	—	5.6	16.0	—
합금 및 기타	ABS	500	60	20	700	25	32	—
	SAN	700	2	35	900	34	1.5	—
	SMA	560	2	34	1,000	33	2.0	—
	AES	470	18	—	22	35	—	—
	ACS	450	50	—	25	—	6.0	—
	UHMWPE	400	450	—	—	9.5	no break	—
	FR-PP[3]	560	4	—	750	26	6.0	—
	Ionomer	275	370	0.3	—	0.3	85	—

1: Izod-impact with notch
2: With 40% glass fiber
3: With 10% glass fiber

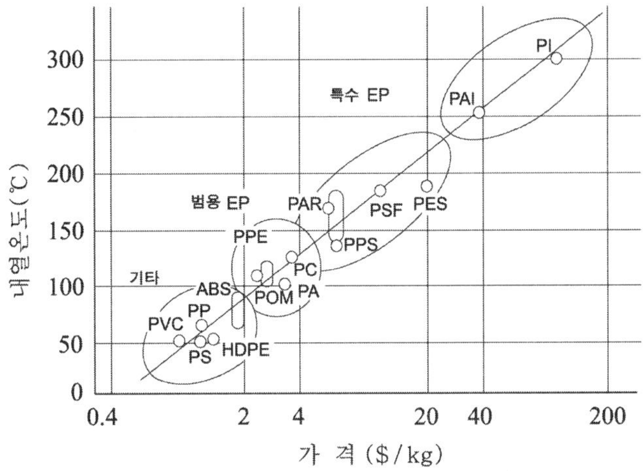

그림 17-1 엔지니어링 플라스틱의 가격과 내열 온도

그림 17-2는 엔지니어링 플라스틱이 사용되는 분야를 나타내는 것으로 자동차 산업에 많은 양이 사용되고 있음을 알 수 있다.

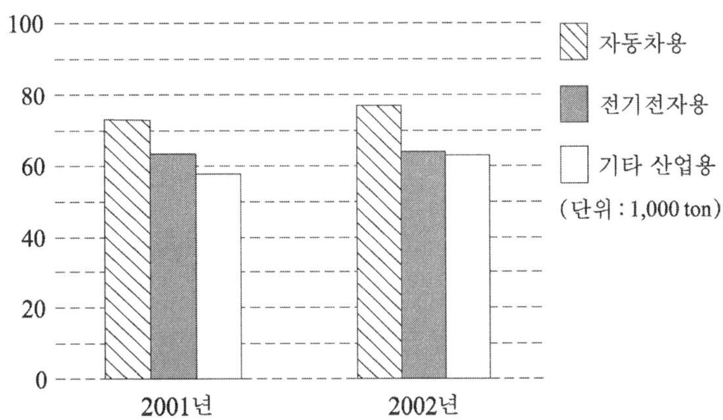

그림 17-2 엔지니어링 플라스틱의 분야별 수요

나일론(Nylon, polyamide)

나일론 중에는 나일론 6과 나일론 66이 가장 많은 생산량을 차지하고 있다.

$$H{-}\left(\overset{H}{\overset{|}{N}}{-}(CH_2)_5{-}\overset{O}{\overset{\|}{C}}\right)_n OH$$

나일론 6

$$H{-}\left(\overset{H}{\overset{|}{N}}{-}(CH_2)_6{-}\overset{H}{\overset{|}{N}}{-}\overset{O}{\overset{\|}{C}}{-}(CH_2)_4{-}\overset{O}{\overset{\|}{C}}\right)_n OH$$

나일론 66

나일론은 $-\overset{H}{\overset{|}{N}}-\overset{O}{\overset{\|}{C}}-$의 결합(amide 결합)으로 이루어져 있으므로 polyamide라고 부르기도 하며, 나일론 6과 나일론 66을 각각 PA-6 및 PA-66로 명명하기도 한다. 원래 나일론은 미국 Du Pont사의 상품명이지만 오랫동안 널리 사용되다 보니 이제는 거의 일반명사처럼 쓰이고 있다. 이 밖에도 PA-11, PA-12 및 PA-610, PA-612 등도 상업화되어 있는데, 반복 단위 내 탄소수가 많아질수록 극성이 낮아지고 따라서 흡습성이 떨어진다.

표 17-4 나일론의 물성 비교

구분		나일론-6		나일론-66		나일론-12		나일론-11
물성	단위	표준	30% G/F 강화	표준	30% G/F 강화	표준	30% G/F 강화	표준
비중		1.14	1.36	1.14	1.37	1.02	1.23	1.04
융점	℃	220	220	260	260	178	178	187
인장강도	kg/cm^2	740	1600	800	1700	500	1220	500
파단 신장률	%	200	5	60	5	300	5	300
굴곡 탄성률	kg/cm^2	2.6×10^4	7.4×10^4	3.0×10^4	8.0×10^4	1.4×10^4	6.0×10^4	1.0×10^4
충격 강도	kgcm/cm	5.6	11.0	4.0	8.0	5	10	4
경도	R scale	R114	R120	R118	R121	R106	R119	R108
열변형 온도	℃	63	190	70	240	50	168	55
흡수율	%	1.8	1.2	1.3	1.0	0.25	0.17	0.3
성형 수축률	%	0.6~1.6	0.4	0.8~1.5	0.5	0.3~1.5	0.3	1.2

표 17-5 PA-6의 용도

구 분	구성비(%)	적용 분야
자동차	59	Engine beauty cover, Inside door handle, Pivot, Gear shift housing, Wheel center cap, Work lamp housing
전기전자	15	밥통테, 스위치, Washing machine coil bobbin, 전동 공구 housing, 전기밥솥 Top lower cover
기타	26	수도꼭지 레버, 유모차 부품, 낚싯대 부품, 의자 부품, 환기창 부품, 급수 필터 하우징, Jump 신발 부품

나일론에 유리 섬유(glass fiber)를 혼합하면 기계적인 강도가 크게 향상되는데, 이와 같이 높은 강도를 가지고 있는 섬유(glass fiber, carbon fiber(탄소 섬유), boron fiber)를 플라스틱과 혼합함으로써 우수한 기계적 강도와 향상된 내열성을 갖는 복합 재료(composite)를 만들 수 있다. 이 복합 재료를 섬유 강화 플라스틱(fiber reinforced plastics, FRP)이라고 부른다. 표 17-4는 나일론의 물성을 상호 비교한 것이다. 유리 섬유로 복합 재료화하였을 때 인장 강도, 굴곡 탄성률, 충격 강도가 크게 증가하며 열변형 온도도 크게 향상됨을 확인할 수 있다. 표 17-5는 PA-6의 용도를 수록한 것이고, 그림 17-3은 대표적인 활용 예를 나타낸 것이다. 표 17-6은 PA-66의 용도를 수록한 것이다.

그림 17-3 PA 6의 대표적인 활용 예. 각종 자동차 부품(arthierry/shutterstock), 오일필터, 밥솥(dalcrose/Flickr).

표 17-6 PA-66의 용도

구 분	구성비 (%)	적용 분야
자동차	61	Key set, 재떨이, Oil filter bottom cover, Motor cap, Motor disc, Seat belt G-ring, Fuel filter neck, Roof rack, Wheel center cap, Outer door handle support
전기전자	13	Bobbin, Switch, Connector, Microwave range gear, 차단기 부품
기타	26	Pump 연결 pipe, 분배기 cap, 창틀 단열 소재

폴리카보네이트

PC는 bisphenol A를 원료로 하며 다음과 같은 구조를 가지고 있다.

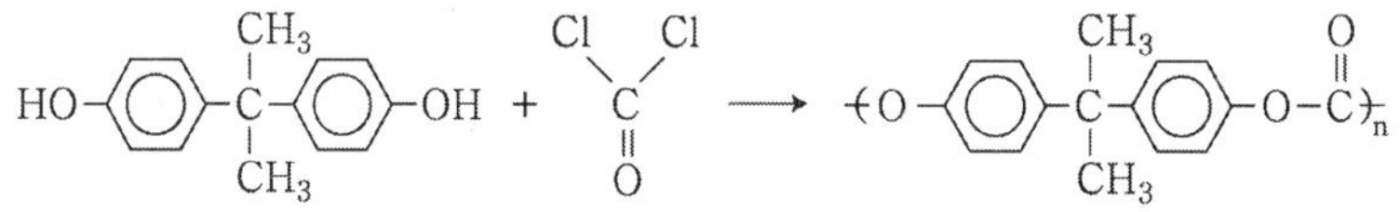

bisphenol A　　phosgene　　polycarbonate

PC는 내충격성이 우수하며 사용 가능 온도 범위가 40~120°C로 넓을 뿐만 아니라 내후성이 좋아 옥외용으로 사용된다. 또한 독성이 거의 없어 FDA의 규격에 적합하며, 전기 특성이 넓은 온도 범위에 걸쳐 변화가 없기 때문에 절연 재료로도 적합하다. 그리고 가시광선 투과율이 80~90%로 acryl계 플라스틱과 거의 같은 투명도를 가지고 있다.

표 17-7은 PC의 용도를 수록한 것이다.

표 17-7 PC의 용도

구 분	구성비(%)	적용 분야
자동차	14	Bumper 및 외장 부품, 미터기판, 히터 판, 휠 커버, Lamp lens, 광섬유, 램프 홀더, 램프 커버
전기전자	37	전동공구 하우징, 단자판, Connector, 안테나 절연 부품, VTR 새시, 콤팩트디스크, 보빈, AC Adaptor case, 무선호출기 하우징
기계	24	쌍안경 보디, 카메라 보디, 시계 케이스 및 부품, 현미경 부품, 영사기 부품, 가스 감지기, 오락기계 부품
기타	25	헬멧, 소화기 부품, 보온병, 수유병, 수족관

폴리아세탈

폴리아세탈은 일반식이 $-(CH_2O)_n-$과 같은 구조를 가지고 있는 POM[poly(oxymethylene)] 단일 중합체(polyformaldehyde라고 부르기도 함)와 여기에 $-CH_2CH_2O-$ 단위체가 공중합되어 있는 공중합체가 있다. 폴리아세탈 수지의 구조와 물성은 표 17-8과 같다.

폴리아세탈 단일 중합체는 Du Pont사에서 1960년 Derlin이라는 상품으로 시판을 개시하였으며, 공중합체의 경우 Celanese사에서 Celcon이라는 상품명으로 공업적 생산을 시작하였다. Du Pont사는 Celanese사의 기술이 특허에 저촉된다는 소송을 제기하였으나 제법상·기술상의 차이가 인정되어 소송이 기각되었다. 폴리아세탈은 oxymethylene기($-CH_2O-$)를 적어도 1,000개 이상 가지고 있으며 높은 결정화도를 가지고 있다.

표 17-8 폴리아세탈 수지의 구조와 물성

구 분		공중합체	단일 중합체
분자 구조		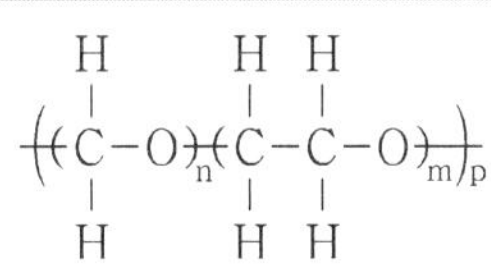	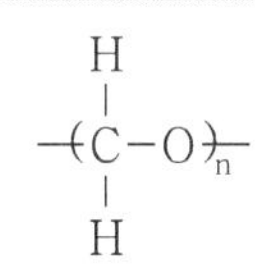
결정화도		65~75%	75~85%
제조법		양이온 중합	음이온 중합
단기물성	인장 강도 (MPa) 파단 신장률 (%) 굴곡 탄성 계수 (MPa) 융점(°C)	620 60 26,400 165	720 25 28,800 175
장기물성	열변형 온도(°C) 고온하에서의 내Creep성 고온하에서의 수명	110 우수 우수	120 양호 양호
성형성	열안정성 성형 온도 범위 재생 성형성	우수 광범(185~230°C) 다	분해용이 협소(190~210°C) 소
내약품성	알칼리 산 Oil Hot Water Cl_2	○ × ○ ○ △	× × ○ × ×
섬유 강화 플라스틱		강화 용이	강화 곤란

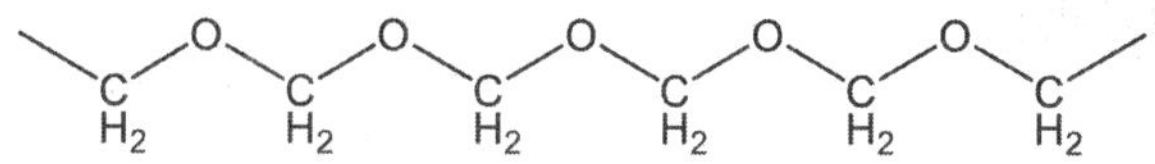

공중합체의 경우에는 oxymethylene기(-CH_2O-)에 oxyethylene기(-CH_2CH_2O-)가 공중합되어 있기 때문에 결정화도는 단일 중합체보다 약간 낮으며, 따라서 밀도도 조금 더 낮다.

표 17-9 폴리아세탈 단일 중합체와 공중합체의 결정화도 및 밀도

구 분	결정화도 (%)	밀도 (g/cm^3)
단일 중합체	75~85%	1.42
공중합체	65~75%	1.41

폴리아세탈은 열분해, 광분해, 가수분해 또는 전단에 의한 분해에 의하여 분자 사슬이 절단될 수 있으며, 분자 사슬이 절단되면 unzipping 방식으로 고분자의 분해가 빠르게 진행된다. 따라서 폴리아세탈은 120°C 이상에서 장기 사용하면 열분해가 일어나며, 수증기 속에서 장시간 사용하면 가수분해가 일어난다.

공중합체의 경우 단일 중합체에 비하여 이러한 unzipping이 어느 정도 방지된다. 그러나 강알칼리나 강산과 접하는 용도로 사용되기는 어려우며 옥외에서 사용할 경우 UV나 오존에 의해서도 분해될 수 있으므로 이를 고려하여 사용해야 한다.

표 17-10은 폴리아세탈 수지의 용도이며, 그림 17-4는 활용 제품들의 사진이다.

표 17-10 폴리아세탈 수지의 용도

구 분	구성비(%)	적용 분야
자동차	32	스피커 그릴, 인사이드 도어 핸들, 안전벨트 부품, 사이드 미러 부품, 연료펌프 부품, 윈도우 레귤레이터 부품, 계기 부품, 안테나 부품, 도어 부품, 콤비네이션 스위치, 와이퍼 링 게이지 부품, 윈도우 드럼, 오토미션 부품, 베어링 류, 에어컨 부품, 히터 조절기 부품, 방향 지시 램프 홀더
전기전자	28	세탁기 니플, 세탁기 받침대, 세탁기 유입수 밸브 부품, 세탁기 배수구 부품, 세탁기 유성기어 부품, VTR 데크, VTR 기어, 타이머 부품, A/V 테이프 부품, 핸드폰 부품, 프린터 부품, 전자레인지 부품, 카메라 부품
기타	40	지퍼, 장난감 기어류, 창문 롤러, 양변기 부품, 의자용 부품, 펌프 부품, 밸브류, 녹즙기 부품, 버클류, 블라인더 부품, 로드, 립스틱 부품

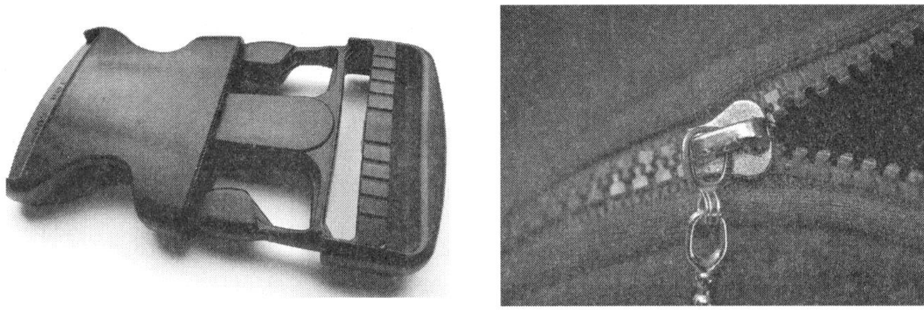

그림 17-4 POM 활용 예. 버클 및 지퍼.

폴리에스터

폴리에스터란 에스터 결합($-\overset{\overset{\displaystyle O}{\|}}{C}-O-$)으로 연결된 고분자를 말한다. 대표적인 폴리에스터로는 poly(ethylene terephthalate)(PET)와 poly(butylene terephthalate)(PBT)가 있다.

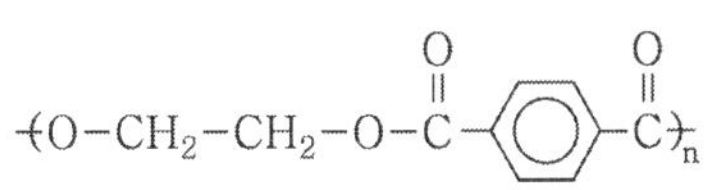

poly(ethylene terephthalate)

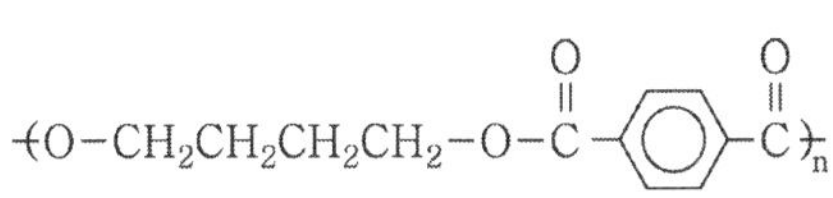

poly(butylene terephthalate)

PET 섬유는 높은 강도를 가지고 있으며 탄성이 있고 잘 구겨지지 않는다. 비중이나 촉감이 양모와 비슷하며 양모, 목면, 레이온 등과 혼방하여 의복용으로 많이 사용한다.

PET 필름은 투명하며 강도가 높고, 용융점이 250~265°C로 내열성이 좋다. 인열강도(tear strength)가 우수하며 전기절연성이 좋아 CD 재료 이외에 전기 절연 테이프, 녹음·녹화 테이프, 사진용 필름, 포장재, 진공 증착용 테이프 등에 사용된다. 그 외 pump housing, 자동차 carburetor, electrical bobbin, relay, switch housing, microwave oven 내장재 등으로도 사용된다. PET는 또한 음료수의 용기로 많이 사용되는데 이때 PET의 분자량은 의복용 PET의 분자량보다 훨씬 높다. 사용하고 난 PET병을 용융시키면 열분해와 가수분해가 수반되므로 다시 PET병으로 만들기는 어렵다. 따라서 분자량이 더 작아도 무방한 PET 섬유로 재사용하는 방안이 연구되고 있다.

PBT는 T_g가 51°C이며 T_m이 225°C인 플라스틱으로, 용융 상태에서 흐름성이 좋아 가공하기가 쉽다. 또한 수분 흡수율이 낮기 때문에 습도가 높은 곳에서 사용할 수 있으며 유리 섬유로 강화한 PBT 복합 재료가 많이 사용된다.

표 17-11은 PBT의 용도를 수록한 것이며, 그림 17-5는 PBT로 만든 제품들이다.

표 17-11 PBT의 용도

구 분	구성비(%)	적용 분야
자동차	15	커넥터 부품, Head lamp bezel, Junction bracket, Relay, Distributor, 퓨즈박스, 안전벨트 레버, 도어 핸들, 헤드램프 와이퍼, 모터 하우징
전기전자	73	스위치 부품, 보빈류(기어 보빈, 코일 보빈, 트랜스 보빈, FBT 보빈), 커넥터 부품, 가정용 전원 콘센트, 삼 파장 램프 소켓, 전자레인지 door latch, 온풍기 그릴, 복사기 캠
기타	12	형광등 소켓, 칫솔모

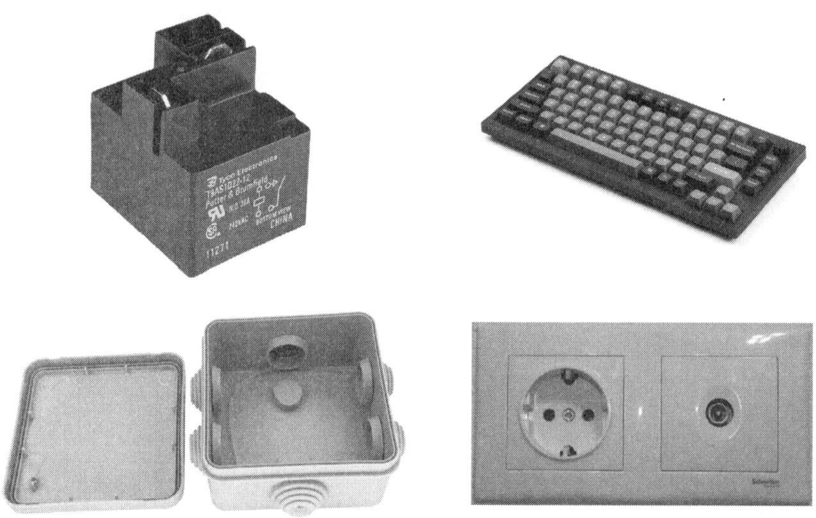

그림 17-5 PBT의 활용 예. 계전기(relay, SparkFun Electronics/CC BY 2.0/Wikimeida Commons), 키보드, Junction Box, 콘센트 부품 등.

MPPO[Modified poly(phenylene oxide)]

Poly(phenylene oxide)(PPO)의 기본 구조는 다음과 같고, R group의 종류에 따른 T_g와 T_m은 표 17-12와 같다.

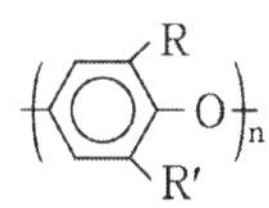

PPO는 기계적 강도가 높으며 내열성이 우수하다. 또한 흡수성이 작아 내수성이 좋으며 뜨거운 물이나 산·알칼리에 대한 안정성이 높다. 또, 성형할 때 수축이 적게 일어나 정밀한 제품의 성형이 가능하다. 그러나 가격이 비싸고 T_g가 208°C로 유동성이 나빠 가공하기 어렵다는 단점이 있다.

따라서 PPO를 그냥 사용하지 않고 PS와 blend하거나 스타이렌을 PPO에 graft시켜 유동성을 개선하고 가격을 낮춘 변성 PPO(MPPO)를 주로 사용한다.

표 17-13은 MPPO의 용도를 수록한 것이다.

표 17-12 Poly(arylene oxide)의 열적 성질

R	R'	T_g (°C)	T_m (°C)
H	H	208	298
CH_3	CH_3	211	268
CH_3	C_2H_5	169	
CH_3	$(CH_3)_2CH$	144	
CH_3O	CH_3O	167	
Cl	Cl	228	269
C_6H_5	C_6H_5	230	480

표 17-13 MPPO의 용도

구 분	구성비(%)	적용 분야
자동차	10	내외장재 부품(휠캡) 등
전기전자	76	카메라 스위치 부품, 오버 헤드 프로젝트 팬, 팩시밀리 부품(Chassis, Paper guide 등), 랩탑 하우징, 스위치 케이스, CD 플레이어 부품
기타	14	펌프 커버, 테니스 라켓, Spoiler

특수 엔지니어링 플라스틱

한편, 범용 엔지니어링 플라스틱의 물성과 비교할 때 특정 물성(주로 내열성과 기계적 성질 등)이 아주 우수한 플라스틱을 특수 엔지니어링 플라스틱이라 하는데, 연속 사용 가능 온도가 150°C보다 높은 내열성 플라스틱이 주류를 이룬다. 특수 엔지니어링 플라스틱은 성능이 우수한 반면 가공성이 나쁜 경우가 많으며 가격이 범용 엔지니어링 플라스틱의 2~10배로 비싸기 때문에 특수한 용도에만 사용되고 있다.

전기전자 기기에는 가동 중 발생하는 열이나 방전으로 인하여 전기절연성과 내열성이 좋은 재료가 필요하며, 초음속 항공기의 경우 비행 속도가 음속의 3배가 되면 비행체 표면의 온도가 300°C 정도 되므로 이 열로부터 비행체 내부를 보호하기 위해 내열성을 갖는 플라스틱 재료가 필요하다. 우주왕복선의 경우에도 높은 내열성을 갖는 플라스틱 재료가 필요하다. 이 외에도 최근에는 제품의 소형화, 경량화 및 대용량화가 더욱 요구되고 있는 추세이므로 특수 엔지니어링 플라스틱의 용도가 계속 증가하고 있다.

고분자의 내열성은 열변형 온도와 UL 온도 지수로 나타내는데, 열변형 온도란 18.6 kgf/cm^{2}의 일정한 하중을 시편에 가했을 때 변형이 시작되는 온도이며, UL 온도 지수란 10,000시간 동안 열처리한 후 물성이 50% 이상 유지되는 온도이다. 따라서 열변형 온도는 단기간의 내열성, UL 온도 지수는 장기 사용에 있어서의 내열성을 나타내는 척도가 되므로 내열성이 좋다는 것은 이 두 가지 척도가 모두 우수하다는 뜻이다. 이때 고분자의 열변형 온도는 T_g와 T_m에 의하여 크게 좌우된다.

구조적인 면에서 보면 고분자의 주 사슬이 방향족 고리로 형성되어 있고 이들이 para- 위치로 연결되어 있을 때 열적으로 가장 안정하다.

일반적으로 특수 엔지니어링 플라스틱은 가공성이 떨어지는 경우가 많은데, 가공성을 향상시키기 위하여 방향족 고리 사이에 −C(=O)−, −C(=O)O−, −(NH)C(=O)−, −O−, −S−, −SOO− 등과 같은 유연한 연결기를 삽입하기도 한다.

PPS

poly(phenylene sulfide)

PPS[poly(phenylene sulfide)]는 열 안정성, 난연성 그리고 내약품성이 우수하고 결정화도가 높아 T_m이 280°C로 높다. 특히 200°C 이하에서는 PPS를 용해시킬 수 있는 용매가 없을 정도로 플루오린 수지에 버금가는 내약품성을 가지고 있다. 열변형 온도는 260°C이며 연속 사용 온도는 제품의 두께 및 목적에 따라 200~240°C로, 아주 좋은 내열성을 보여 준다. 또한 PPS는 난연제를 따로 첨가하지 않아도 최고의 난연성을 나타내어 전자 부품으로 사용하기에 적합하다.

유리 섬유 및 무기 물질과 혼합하여 복합 재료를 이룰 수 있으며 고전력용 구조물에 적당하다. PPS는 고온에서도 내약품성이 좋아 석유화학 공장의 설비 부품용으로 사용되고, 자동차 hood 내 각종 부품으로 사용되고 있다. PPS는 가격이 비교적 저렴하여 현재 특수 엔지니어링 플라스틱 중 가장 수요가 많다.

폴리설폰

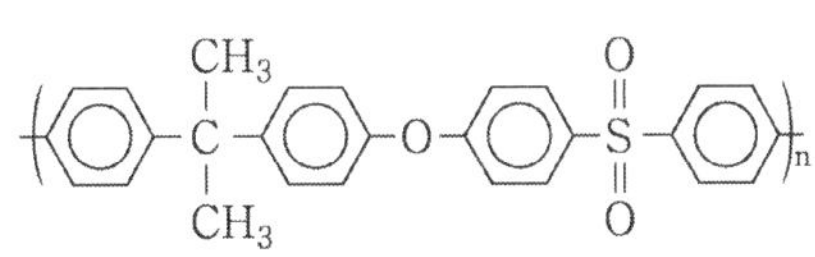

polysulfone

폴리설폰(polysulfone, PSF)은 고온에서도 내약품성, 내가수분해성을 가지고 있으며 장시간에 걸쳐 그 물성이 잘 유지되는 투명 비결정성 플라스틱으로 전기 connector, 인공호흡기, 전자레인지 및 커피메이커 부품, 자동차 퓨즈 등 광범위한 분야에 응용되고 있다.

Polysulfone계 고분자는 PSF 외에도 polyarylsulfone(PAS)와 polyethersulfone(PES) 등이 상업화되어 있는데, 이들의 물성은 표 17-14에 비교되어 있다.

폴리이미드

폴리이미드(polyimide, PI)는 내열성 및 난연성이 가장 우수한 엔지니어링 플라스틱으로, 열가소성 수지와 열경화성 수지가 있다.

표 17-14 Polysulfone계 고분자의 물성

ASTM	물리적 특성	PSF	PAS	PES
D792	비중	1.24	1.37	1.37
D570	흡수율, 24 h, 1/8 in. 두께(%)	0.3	0.40	0.43
ASTM	**기계적 물성**	**PSF**	**PAS**	**PES**
D6387	인장 강도(psi)	10200	12000	12200
D638	인장 신율(%)	50.1	40	40.80
D638	인장 탄성률(10^5 psi)	3.6	3.9	3.9
D790	굴곡 강도(psi)	15400	16100	18650
D790	굴곡 탄성률(10^5 psi)	3.9	4.0	3.8
D256	충격 강도 Izod(ft·lb / in. of notch)	1.3	1.6	1.6
D785	경도, Rockwell M	69	85	88
ASTM	**열적 물성**	**PSF**	**PAS**	**PES**
C177	열전도도(10 cal cm / s cm ℃)	6.2		32.44
D696	열팽창 계수(10^5 in. / in. ℉)	3.1	2.7	3.1
D648	열변형 온도(℉) at 264 psi	345	400	398
D2863	산소 지수	30	33	34.38
ASTM	**전기적 특성**	**PSF**	**PAS**	**PES**
D149	Dielectric strength(V/mil) short time	425	383	400
D150	Dielectric constant at 60 Hz to 1 MHz	3.07～3.03	3.51～3.54	3.5
D257	Volume resistivity (Ωcm)	5×10^{16}	7.7×10^{16}	10^{17}

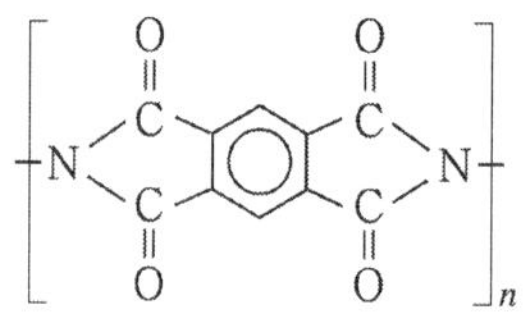

polyimide

PI의 연속 사용 온도는 250°C로, 내열성 엔지니어링 플라스틱 중 가장 높으며, 단시간 동안에는 270~500°C 정도까지 견딜 수 있다. 또한, 내마모성이 우수하며 마찰 계수가 매우 작고 고온·다습한 상태에서도 전기적 특성이 뛰어나다. PI 중 가공성을 향상시킨 poly(amide imide)(PAI), poly(bismaleimide)(PBMI), poly (ether imide)(PEI) 등이 상품화되어 있다.

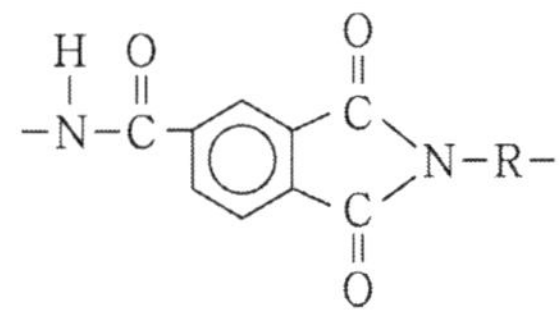

poly(amide imide)

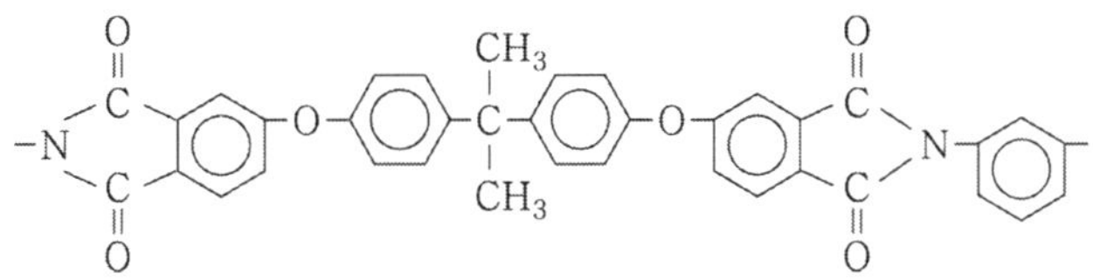

poly(ether imide)

PAI는 연소 시 연기가 거의 발생하지 않으며 내방사선성이 아주 우수하다. PEI는 Ultem이라는 상품명으로 개발되었으며, 연속 사용 온도가 170°C이고 열변형 온도가 200°C로 내열성이 좋으면서 가공성이 향상된 비결정성 플라스틱이다.

PEEK

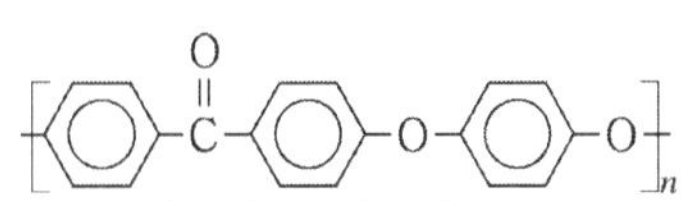

poly(ether ether ketone)

PEEK[poly(ether ether ketone)]는 연속 사용 온도가 220~240°C로 뛰어난 내열성을 보여 주며 결정성이 높고 내용매성, 내피로성, 내마모성과 함께 난연성도 우수하다. 또한 PEEK는 수분을 거의 흡수하지 않아 260°C의 고압 열수에서도 장시간 사용이 가능하며 내방사선성도 우수하다. 항공기 부품, 군수 장비, 핵발전소 장비 및 탄광용으로 사용되고 전선 및 cable의 coating과 connector 및 switch housing에 쓰이고 있다.

불소계 고분자

불소(플루오린) 플라스틱은 매우 우수한 화학적 특성과 열적 성질을 가지고 있다. 그 대표적인 것이 PTFE(polytetrafluoroethylene)로, 80~200°C까지 넓은 온도 범위에서 사용할 수 있다. PTFE는 테플론(teflon)이라는 상품명으로 개발되었으며 내열성뿐만 아니라 다른 물질과의 비접착성을 가지고 있기 때문에 주방기구의 coating 용으로 많이 사용된다.

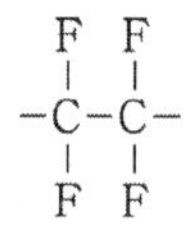

PTFE

PTFE는 모든 산과 알칼리 및 용매에 잘 견디는 우수한 특성을 가지고 있다. 그러나 용융되기 전에 분해되기 때문에 사출이나 압출 성형이 불가능하여 분말을 원하는 형태를 가지도록 압축고형화한 후 용융점(327°C) 이상에서 소결(sintering)시키는 분말야금식 성형법이 사용된다.

FEP 및 PCTFE는 PTFE보다 내열성은 조금 떨어지지만 용융 상태로 가공할 수 있다.

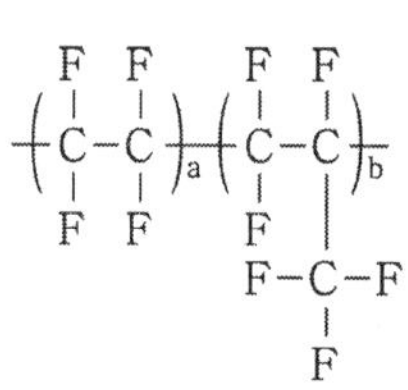

Poly(fluoro ethylene–co–fluoro propylene)
(FEP)

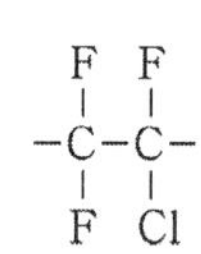

Poly(chloro trifluoro ethylene)
(PCTFE)

FEP는 고무상 물성을 나타낼 수 있으며 내열성 고무로 Viton이라는 상품명으로 출시되었다.

무기 고분자

고분자를 고온에서 inert gas하에 소성하면 2,000°C 이상의 온도에서도 내열성이 유지되며 강도 및 탄성률이 우수한 무기 고분자를 만들 수 있다.

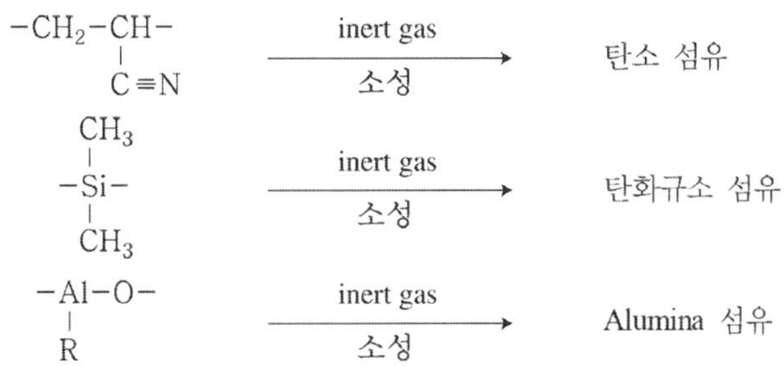

이들 무기 고분자 섬유는 다른 고분자와의 복합 재료로 이용되어 우주왕복선, 항공기 재료 이외에 테니스 라켓, 낚싯대, 골프채 등에도 사용된다.

대표적인 무기 고분자인 규소 수지는 다음과 같은 구조를 가지고 있으며 중합도가 낮을 경우 silicone oil이 되어 고온 및 저온에서의 윤활유나 pump oil에 사용된다.

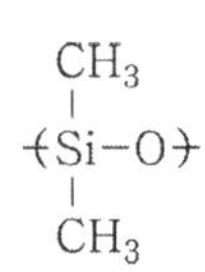

규소 원자를 뜻하는 영어 표현이 silicon이기에, 규소가 골격을 이루는 고분자는 이와 구별하기 위하여 silicone으로 표기한다. 규소 수지는 또한, 3차원 네트워크 구조를 가지게 할 수 있으며, 이러한 구조를 갖는 silicone 고무는 저온에서도 우수한 탄성을 유지하기 때문에 내한성 재료로 사용된다. 이때 메틸기(-CH_3)를 phenyl 기(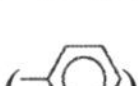)로 대체하면 내한성이 더욱 향상된다.

제18장

생분해성 고분자

사용 후 폐기하면 토양 중의 미생물 등에 의해 분해될 수 있는 환경친화적인 생분해성 고분자의 연구 · 개발이 매우 활발하다.

고분자의 분해란 고분자 및 고분자로 이루어진 제품이 열(온도), 빛(자외선), 용매(산화) 및 외부적인 충격이나 힘에 의하여 강도, 색, 모양, 및 분자량에 변화가 존재하는 경우로 정의한다. 생분해성(biodegradable) 고분자란 탄소와 에너지원으로 유기물을 사용하는 곰팡이, 박테리아 등과 같은 미생물에 의해 생물학적 과정을 통하여 물과 이산화 탄소, 메테인, 에너지 또는 새로운 바이오매스 등으로 완전 분해되는 고분자를 말하며, 2017년 기준 전 세계적으로 생산되는 고분자의 2% 정도가 생분해성 고분자이다.

그 중에서 전분 또는 PCL과 같은 생분해성 물질에 분해되지 않는 고분자(PP, PS, PA 등)를 첨가한 부분 분해성 물질을 생붕괴성 고분자라 하며, carbonyl기를 함유하는 공중합체로서 케톤 광분해 등으로 분해되거나, 광활성제를 첨가한 고분자들을 광분해성 고분자라 부른다.

최근 급증하고 있는 플라스틱 폐기물과 부유 미세플라스틱으로 인해, 환경과 생태계 보전의 필요성이 시급히 요청되고 있다. 이에 따라 사용 후 폐기하였을 때 토양 중의 미생물 등에 의해 분해될 수 있는 환경친화적인 생분해성 고분자의 연구, 개발이 활발히 진행되고 있으며 이미 상업화된 고분자들도 많다. 생분해성 고분자는 전분, 셀룰로스, 콩, 우유 등 단백질을 기반으로 하는 천연 고분자(natural polymer), PLA[poly(lactic acid)], PBS[poly(butylene succinate)], PCL[poly(ε-caprolactone)] 등의 합성 고분자, 미생물 생산 고분자, 천연 고분자와 합성 고분자의 블렌드 등으로 구분할 수 있다.

천연 고분자

우리 주변에서 볼 수 있는 천연 고분자로는 단백질, 천연 고무, 곡물에서 추출되는 전분(starch), 게나 새우의 껍질에서 얻을 수 있는 키틴(chitin), 셀룰로스(cellulose) 등이 생분해되는 천연 고분자들이다. 이러한 천연 고분자는 합성하거나 미생물에 의해 생산된 분해성 고분자들에 비해 가공성은 다소 떨어지나 가격이 상대적으로 저렴한 편이다.

전분은 자원이 풍부하여 공급이 원활하고, 무독성이며, 가격이 저렴하고 생분해도가 우수할 뿐 아니라, 가공성을 향상시킬 수 있는 다양한 변성 기술이 개발되어 있다. 키틴은 주로 의료용 생체재료로 이용된다. 셀룰로스 펄프를 이용하여 유기용매에 용해시켜서 수용액상에서 방사하여 제조하는 리오셀(Lyocell) 섬유도 환경에 거의 영향을 미치지 않는 새로운 재생 셀룰로스 섬유이다. 폴리히알루론산도 최근 의료용 재료에 많이 사용되고 있다. 이외의 운모, 석면 등이 있는데 이들은 무기 고분자로 천연 고분자 화합물에 포함될 수 있다.

콩단백질(soy protein)을 활용하여 생분해성 플라스틱을 제조하여 식품점용 음식 포장용기, 수저, 골프티 등의 소재 등으로 사용하고 있으며, 우유의 카세인(casein), 콜라젠(collagen), 젤라틴(gelatin) 등 단백질을 이용하여 생분해성 플라스틱을 제조하는 연구가 진행되고 있다. 또한 실크 단백질은 치환기를 갖지 않은 아미노산인 많은 수의 글리신(glycine)을 함유하고 있으며, 서로 밀접하게 연결되어 있어서 강하면서도 유연한 성질을 갖게 되어 의료용 소재 및 고강도 소재에 응용되고 있다.

합성 고분자

화학 합성에 의한 생분해성 고분자로는 poly(ε-caprolactone) (PCL), poly(lactic acid) (PLA), 지방족 폴리에스터(aliphatic polyester), poly(glycolic acid) (PGA) 등을 들 수 있으며, 생산이 비교적 수월하고, 물성의 조절이 용이하나 생산원가가 고가인 것이 단점이다.

PCL은 ε-caprolactone을 개환 중합한 고분자로, 비교적 저렴하고 기계적 물성이 우수하며 PE와 상용성이 좋다. 그러나 녹는점이 60°C 정도로 낮은 것이 단점이다. PLA는 젖산(lactic acid) 또는 락타이드(lactide)로부터 합성하는데, 녹는점이 약 170°C 정도이고 강도가 우수하나 연신율이 낮고 가공성이 취약하다는 단점이 있다. 지방족 polyester는 1,4-butanediol, ethylene glycol 등의 diol과 석신산(succinic acid), 아디프산(adipic acid) 등의 산을 축중합한 것으로 가공성이 양호한 편이다.

또한 기존 범용 플라스틱에 바이오매스, 산화생분해제, 상용화제, 생분해 촉진제, 자동산화제 등을 첨가하여 산화생분해성 플라스틱(oxo-biodegradable plastics)이 생산되고 있다. 이들 고분자의 분해는 열, 광, 효소, 화학 반응 등의 분해 작용을 통하여 1차 산화분해 및 저분자화가 되고, 2차적으로 미생물에 의해 완전 분해가 진행된다.

미생물 생산 고분자

탄소원이 존재하고 영양분이 제한된 조건에서 미생물이 에너지 저장물질 또는 배설물질의 형태로 합성하여 축적하는 PHA(polyhydroxyalkanoate)들은 생분해성(biodegradability) 및 생체적합성(biocompatibility)을 가진 플라스틱으로 사용할 수 있다. 처음 발견된 poly(3-hydroxybutyrate) (PHB) 외에도 hydroxyalkanoate의 주쇄 탄소수와 치환기의 형태에 따라 여러 종류의 PHA가 알려져 있다.

PHB는 녹는점이 175°C 정도로 높고 인장 강도도 우수하며, 내구성 및 안정성, 생분해성 등이 뛰어나나 생산량이 제한적이라서 가격이 고가이다. 의료용 봉합사, 필름, 섬유 등으로 사용된다. 최근 들어 배양기술의 발전으로 fermentation에 의한 대량생산이 가능해지면서 생산 원가가 떨어짐에 따라 용도가 확장될 것으로 기대된다.

천연 고분자를 이용한 blending

생분해성이 특히 우수한 전분, PHB 등을 다른 고분자와 블렌딩함으로써 생분해도를 향상시킬 수 있음은 물론이고, 비용 절감도 꾀할 수 있다. 용도에 따라 전분과 PLA, 전분과 PCL, 전분과 diol/diacid계의 지방족 폴리에스터, PHB와 PCL, PHA와 ethyl cellulose의 blend 등이 이용된다.

생분해성 플라스틱의 용도

국내에서 생분해성 플라스틱의 실용화는 아직 활발하지 않으나 유럽, 일본 등지에서는 포장 완충재, 퇴비화 봉투, 위생용품, 코팅제, 농업용 필름, 식음료 포장용기와 접시 등의 일회용품 등으로 그 사용이 확대되고 있다.

PCL, poly(lactide-co-glycolide) 공중합체(PLGA) 는 봉합사, 약물전달 제재, 뼈 보강재 등의 생체 의료용으로도 적합하여 널리 사용되고 있다. 우리나라 실정에서는 농업용 제품(멀칭 필름 등), 쓰레기 퇴비화를 위한 컴포스트(compost) 백, 종이 기저귀 및 일회용 포장재료 등의 시장 형성이 기대된다.

표 18-1 주요 생분해성 고분자

고분자	구조식
poly(ε–caprolactone)	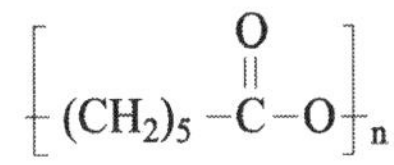
poly(L– lactide)	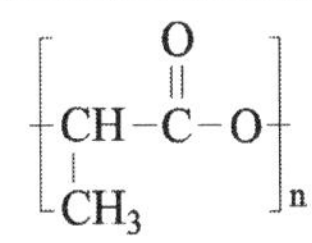
poly(glycolide)	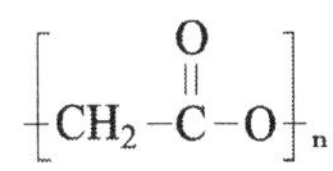
ploy(3 –hydroxybutyrate)	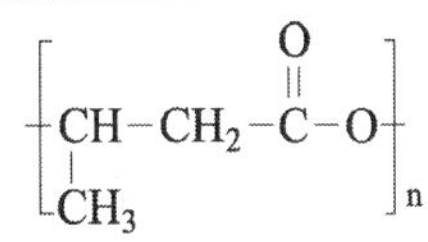
starch	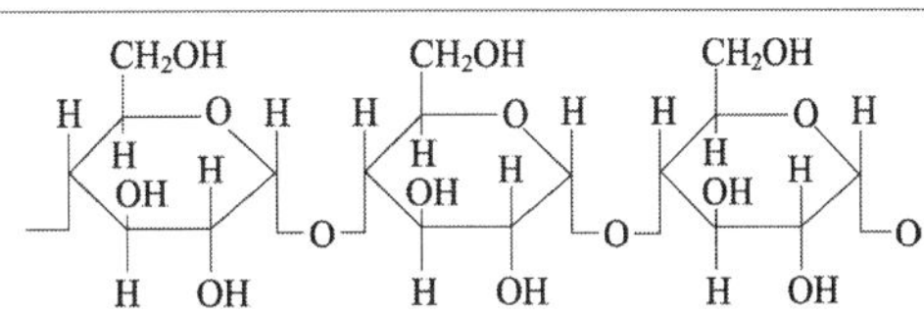
cellulose	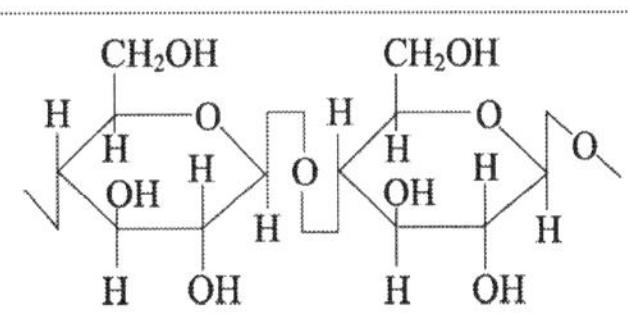
chitin	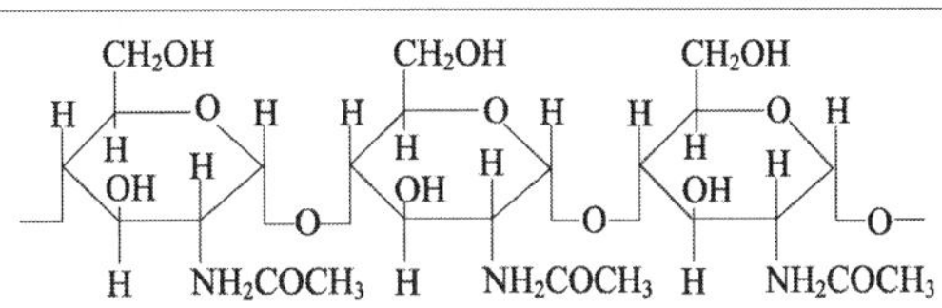

플라스틱의 생분해성은 토양 매립 후 질량 감소를 측정하거나 물성의 감소를 측정하여 평가할 수 있으나, 재현성 있는 결과를 얻기 어려운 경우가 대부분이다. 대신 효소 혹은 활성오니(activated sludge) 속에서 생분해시켰을 때 평가 결과의 재현성이 크게 향상되어 이 원리를 이용한 표준시험방법이 제정되어 있다.

유기성 폐기물은 퇴비화 방법으로 처리하는 것이 가장 경제적이고 환경친화적이므로 퇴비 속에서 생분해성 플라스틱이 분해됨에 따라 발생하는 CO_2를 정량하여 생분해도를 측정하는 방법이 많이 이용되고 있다.

제 19 장

생체의료용 고분자

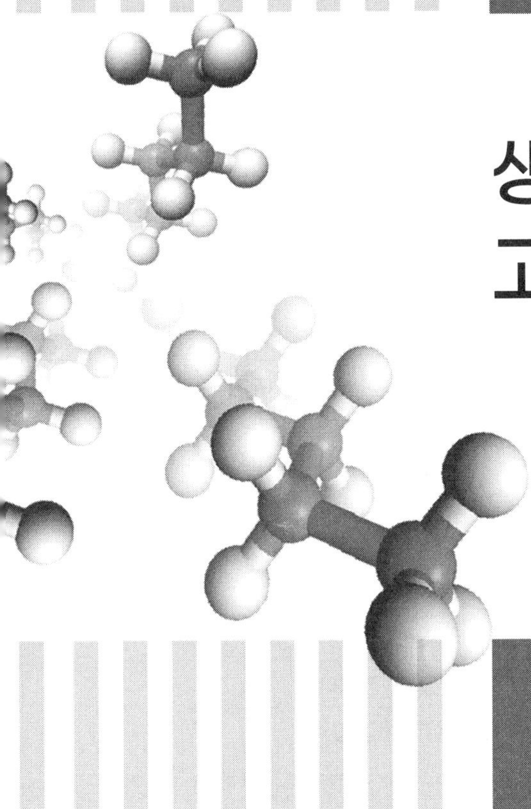

생체의 손상된 기능을 일부 보완 또는 대체하기 위하여 고분자 재료들을 생체 내에 이식할 수 있다.

생체재료는 생체의 거부반응이나 이상 반응 없이 생체의 기능을 일부 보완, 대체하기 위하여 생체 내에 이식할 수 있는 재료와 각종 치료용 의료재료 등을 포함한다. 재질에 따라 금속, 세라믹, 고분자, 복합재료 등이 사용될 수 있는데, 고분자의 경우는 성형성(processibility), 내화학성(chemical stability), 생체적합성(biocompatibility)이 비교적 좋으나, 내열성(thermal stability)은 낮고 열에 의한 변형 가능성이 높다.

인공 뼈 등의 경조직(hard tissue), 인공 혈관(artificial blood vessel), 인공 피부(artificial skin) 등의 연조직(soft tissue), 치과용 충진재(dental filler), 봉합사(suture), 골절 내 고정재, 인공장기용 재료 등의 생체 기능재료, 약물전달 담체 등에 고분자 재료를 적용할 수 있다.

생체재료로 사용되는 고분자에는 천연 고분자와 합성 고분자가 있으며, 천연 고분자들은 생체적합성이 있는 생분해성 물질로 실크(silk), 케라틴(keratin), 콜라젠(collagen), 젤라틴(gelatin), 셀룰로스(cellulose), 키토산(chitosan) 등이 있다.

합성 고분자는 분해성이 있는 고분자와 그렇지 않은 고분자들을 각기 용도에 따

표 19-1 주요 의료용 고분자 및 용

분해되지 않는 고분자	용도
Fluorocarbon	인공 혈관, 카테터
Polyacetal	인공 심장판막 골격
Polyester elastomer	인공 혈관, Angioplasty balloons, 카테터
Polystyrene	채혈용 분리기구, 인공 심장, 검사용 plate
Polypropylene	채혈용 분리기구, 인공 심장, 수혈기구
Polyacrylonitrle	인공 콩팥
Poly(methyl methacrylate)	Bone cement, 인공 수정체, 인공 각막
Polysulfones	골격성형, 외과 성형제재
Polyurethanes	카테터, 인공 심장, Wound dressing
Poly(vinyl chloride)	혈액백, 채혈 및 수혈기구, 뇨 bag
Silicone	인공심장판막 poppet, 인공 유방, Wound dressing
생분해성 고분자	**용도**
Poly(amino acids)	약물전달 시스템
Polyanhydrides	약물전달 시스템
Poly(ɱ-caprolactone)	약물전달 시스템, 뼈 보강재
Poly(lactide-co-glycolide)	봉합사, 약물전달 시스템, 뼈 보강재, Scaffold

라 이용하고 있다(표 19-1).

물론 합성 고분자를 생체 내에서 사용하기 위해서는 생체적합성이 있어야 하며, 생체적합성이 없는 경우에는 표면처리 등의 방법으로 생체적합성을 부여하여야 한다.

적정 농도의 약물을 필요한 부위에 정확히 전달하고 장기간 약물이 방출되도록 함으로써 약물에 의한 부작용을 줄이고 효능을 극대화하는 약물전달 시스템(drug delivery system)을 위한 고분자의 응용도 활발히 연구 개발되고 있으며, 조직공학(tissue engineering) 분야에 대한 고분자의 적용도 많이 연구되고 있다.

인간의 장기나 조직이 손상된 경우 주로 장기이식, 수술에 의한 재건, 신장 투석기 등의 각종 기기를 이용하는 방법 등으로 치료가 이루어지고 있으나, 근본적인 해결에는 못 미치고 있다. 조직공학에서는 이러한 손상된 조직의 기능을 복구·대체·향상시키기 위해 생분해성 지지체(scaffold)를 만들고, 여기에 분리된 세포를 배양하거나 이식하여 조직이 재생되도록 유도한다. 지지체의 제조에 이용되는 고분자로는 PCL, polyanhydride, PLGA, PHB 등이 있다. 최근 들어 이 분야에 괄목할 만한 연구 진전이 있어 인류의 건강 증진에 큰 기대를 갖게 하고 있다.

제20장

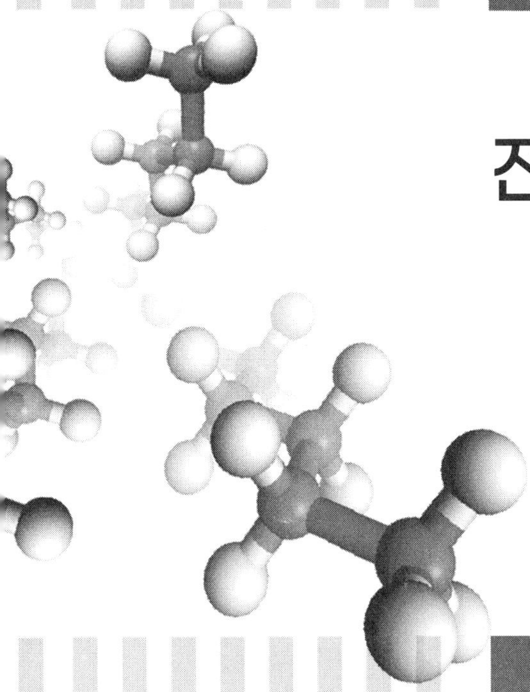

전도성 고분자

절연체인 공액고분자들은 적절한 도핑에 의해서
금속 못지않은 전기 전도도를 나타낼 수 있다.

고분자는 일반적으로 전기 절연체(insulator)이다. 따라서 PE나 PVC 등이 흔히 사용하는 전깃줄의 피복용으로 사용되고 있다. 이들의 전기전도도는 매우 낮아서 대략 10^{-18} S/cm 이하이다. 대개 도체는 10^{3}~10^{6} S/cm 정도, 반도체는 10^{7}~10^{3} S/cm 정도의 전기전도도를 나타낸다. 그런데 절연체인 공액고분자(conjugated polymer)들을 적절히 도핑(doping)하면 전기전도도가 크게 증가한다.

1970년대 후반 미국의 히거(A. J. Heeger), 맥더미드(A. McDiarmid), 일본의 시라가와(H. Shirakawa)는 폴리아세틸렌(polyacetylene)을 알칼리 금속 이온과 같은 전자 주개(electron donor)나 AsF_5, I_2 등의 전자 받개(electron acceptor)로 도핑하면 전기전도도가 약 10^{3} S/cm까지 증가하는 것을 발견하였다. 이때 도핑된 폴리아세틸렌의 전도도는 같은 무게의 구리의 전도도와 같은 수준이다. 이후 poly(p-phenylene), polypyrrole, polythiophene, polyaniline 등도 도핑에 의해 전기전도도가 크게 향상되는 것이 알려졌다. 이들의 전도도는 도핑된 폴리아세틸렌보다는 낮지만, 산소와 습기 등에 훨씬 더 안정하다.

표 20-1에 중요한 전도성 고분자와 그 전도도를 나타냈다. 이 표의 고분자들은 주쇄를 이루는 탄소 원자들이 사슬 골격(backbone)을 따라 단일 결합과 이중 결합이 교대되는 공액형(conjugated) 사슬 구조를 가지고 있다. 따라서 고분자 사슬 위에 어느 정도 이동이 자유로운 π-전자들을 갖고 있는데, 도핑에 의해서 전자의 불균형이 유발되고 전압이 가해졌을 때 사슬의 골격을 따라 비편재화된 π-전자들이 쉽게 이동할 수 있게 됨으로써 전도도가 향상된다고 알려져 있다.

일반적으로 재료의 밴드갭(band gap)을 줄이면 전기전도도는 향상된다. 금속의 밴드갭은 0인 반면, 고분자를 포함하는 대부분의 부도체들은 비교적 큰 밴드갭(1.5~4 eV)을 나타내므로 전자의 흐름이 매우 어렵다. 이런 경우 고분자의 화학 구조를 정밀 제어함으로써 밴드갭을 0.5~1 eV 정도로 줄일 수 있는 것으로 알려져 있다. 이와 같은 특징으로 전도성 고분자들은 합성 금속(synthetic metals)이라고도 불리는데, 금속에 필적하는 전기전도도 이외에도 가볍고 유연하며, 가공성이 뛰어난 장점이 있다.

그림 20-1은 리튬 배터리의 암극재(cathode)로 폴리아닐린(polyaniline)이 사용되고, 전해질로 고체 고분자(Li-폴리에틸렌옥사이드)가 사용될 수 있음을 보여 준다. 이러한 고분자 배터리는 가볍고, 전해질이 누수될 염려가 없으며, 유연하고, 얇게 만들 수 있으며 에너지 밀도가 매우 높다. Poly(p-phenylene)도 cathode로 사용할 수 있으며, poly(alkyl sulfide), polyphosphagene 등도 고체 고분자 전해질로 이용할 수 있다.

표 20-1 주요 전도성 고분자

고분자	구조식	도핑 물질	최대전도도 (S/cm)
Polyaniline	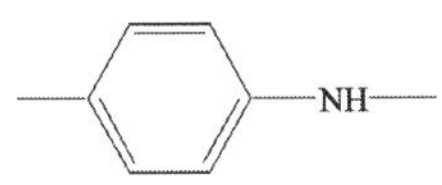	HCl	200
trans-polyacetylene	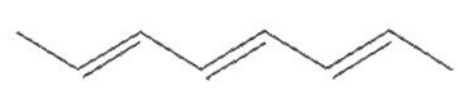	I_2, Br_2, Li, Na, AsF5	10^4
Polypyrrole	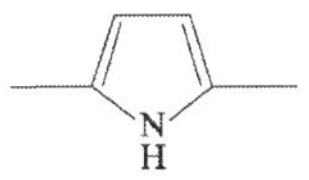	BF_4–, ClO_4–	500~7,500
Polyisothionaphthalene	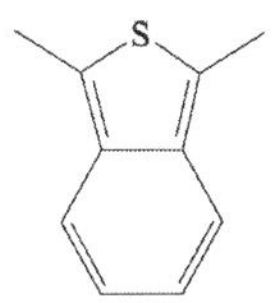	BF_4–, ClO_4–	50
Poly(p-phenylene)	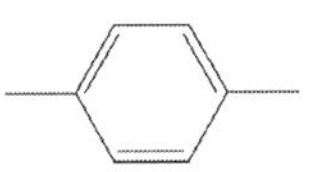	AsF5, Li, K	10^3
Poly(p-phenylene vinylene)	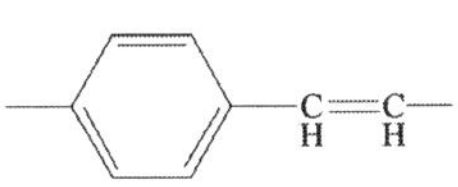	AsF5	10^4
Polythiophene	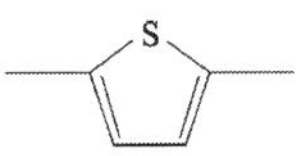	BF_4^-, ClO_4^-	10^3
Poly(3-alkylthiophene)	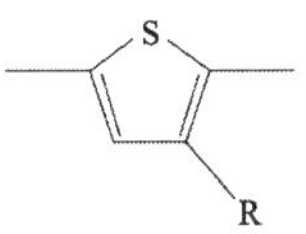	BF_4^-, ClO_4^-, $FeCl_4^-$	10^3~10^4

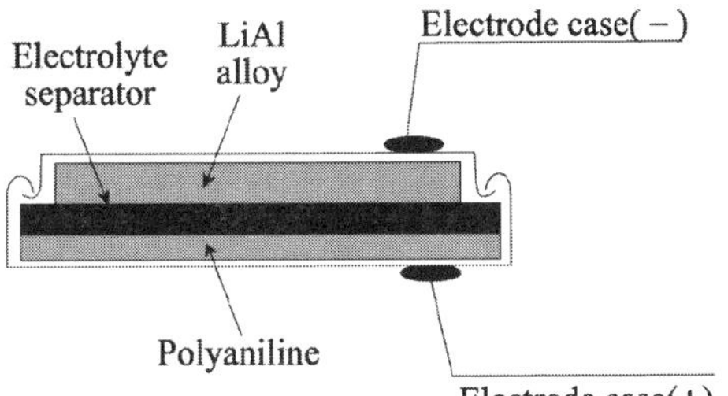

그림 20-1 전도성 고분자를 사용한 재충전용 배터리의 모식도

이외에도 전도성 고분자들은 정전기 방지제, 발광다이오드, 태양전지 및 수광소자, 이차 전지, 연료 전지, 전극 물질, 전자파 차폐박막, electromechanical actuator, 스마트 윈도우(smart window), 센서, 내부식성 페인트, 비선형 광학재료(nonlinear optical material), 트랜지스터, 감광재료, 광기록소재, 정전기 제거, 리소그래피, 전기변색디스플레이(electrochromic display) 등의 응용을 목적으로 폭넓게 연구되고 있다.

제21장

고분자 레지스트

대부분의 최신 정밀 전자·정보기기들은 고분자 레지스트를 이용한 미세가공 기법으로 제조된 집적회로 소자들에 의해서 작동되고 있다.

우리는 반도체 산업의 눈부신 발전에 힘입어 불과 일이십 년 전에는 상상도 하지 못했던 첨단 전자・정보시대에 살고 있다. 그런데 거의 모든 정밀 전자・정보기기들은 고분자 광 레지스트(photoresist, PR)를 이용한 미세가공 기법으로 만들어진 집적회로(integrated circuit, IC) 소자들에 의해 작동되고 있다.

IC의 회로는 먼저 미리 정해진 패턴을 imaging 매질(즉, PR)에 옮긴 후, 이 PR 패턴을 다시 웨이퍼 기판에 옮기는 일련의 화학공정을 통해 만들어진다. 여기에 필수적인 레지스트는 표면에 특정 패턴을 형성하기 위하여 포토리소그래피(photolithography) 등의 공정에 사용되는 광반응성 물질로 광에너지에 의해 분자구조의 화학적 변화가 일어나서 용해도가 변화하거나 경화되는 등 물성 변화가 생기는 조성물계를 뜻하는데, 주로 합성 고분자 조성물이 사용된다.

고에너지 광원에 노출된 부분과 노출되지 않은 부분의 물성 차이를 이용하여 원하는 패턴의 이미지를 얻게 된다.

광미세가공 기술

자외선에 의한 효율적 화상형성 기술인 광미세가공 또는 포토리소그래피(photolithography) 기술은 solid-state 소자와 IC 가공에서 가장 핵심적인 기술로 자리 잡아 왔다. 특히 20세기 말에 크게 발전하여 대용량 반도체(VLSI)의 미세회로 가공을 실현시킬 수 있었다.

광미세가공의 기본적인 요소는 광원, alignment 시스템, 포토마스크, 포토레지스트 등이다. 포토마스크는 주로 전자빔 리소그래피 등의 방법으로 제작하는데, 원하는 회로설계를 유리나 석영기판 위에 크로뮴 등의 박막(1000 Å 내외)으로 만들어 놓은 패턴으로, 포토마스크 원판에 빛을 쐬어 생기는 그림자를 실리콘 웨이퍼(실제 표면은 SiO_2) 상에 PR을 이용하여 전사시켜 복사하는 반도체의 제조 공정에서 설계된 패턴을 웨이퍼 상에 형성하는 중요한 요소이다.

Alignment 공정은 마스크의 상을 웨이퍼 표면에 정확히 맞추어 정렬하는 과정으로 마스크를 통하여 도포된 고분자 레지스트(감광막, PR)를 노광하게 된다. PR은 웨이퍼에 스핀코팅(0.5~2.0 μm정도) 후, pre-baking하게 되며, 그 위에 포토마스크를 덮고 노광한다.

노광(exposure) 공정은 주로 축소투영 노광 장치(projection stepper)를 이용한다. 자외선 광원으로는 높은 세기와 재현성을 보이는 고압 수은 아크 램프가 가장 많이 사용되는데 사용 파장은 g-line(436nm), h-line(405nm), l-line(365nm)이다. 또한 최근 패턴의 해상도를 높이기 위해 광원의 파장을 점점 짧게 하여 KrF(248 nm), ArF(193 nm), F_2(157 nm) excimer laser를 이용한 원자외선(deep ultra-violet, DUV) 리소그래피, 파장 10~14 nm의 극자외선 리소그래피(extreme ultra-violet, EUV, lithography) 등이 개발되었다.

노광 후 자외선에 노출된 부분과 그렇지 않은 부분 사이에는 용해도에서 큰 차이가 나게 되어, 원치 않는 부분을 현상액으로 용해시키면 패턴 이미지가 얻어진다. 이때 레지스트의 특성에 따라 포지티브형과 네가티브형이 있다.

이렇게 얻어진 레지스트 패턴을 마스크로 이용하여 플라스마나 불활성 이온, 또는 화합물 등을 이용하는 식각(또는 에칭), 이온 주입, 금속 lift-off 등의 작업을 연속적으로 수행하게 된다. 평균적으로 하나의 IC가 완성되기 위해서는 10번 이상의 리소그래피 작업을 거치게 되는데, 그림 21-1에서 이러한 과정의 하나인 이온 주입(ion implantation) 공정을 나타내고 있다.

이온 주입이란 인이나 비소 등의 첨가물(dopant)을 실리콘 웨이퍼의 원하는 위치에 선택적으로 주입하는 과정이다. 그림 21-1에서 리소그래피로 얻은 레지스트 패턴을 마스크로 사용하여 붕소(boron) 이온을 실리콘에 주입한 뒤 레지스트를 제거

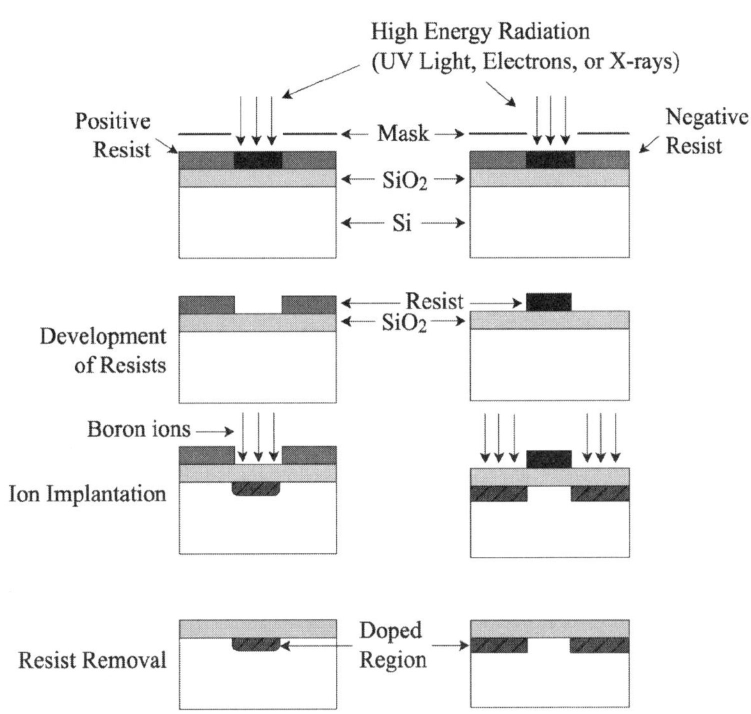

그림 21-1 리소그래피를 이용한 이온 주입 공정의 모식도

하면 이온 주입이 완성된다. 한편, 이온 주입 대신 레지스트 패턴을 마스크로 사용하여 적절한 금속을 진공 증착한 뒤 레지스트를 제거하면 금속의 패턴을 얻을 수 있다.

레지스트

레지스트는 리소그래피 공정의 핵심요소 중의 하나인데, 높은 해상도(resolution), 감도(sensitivity), 내열성 및 접착성, 그리고 적절한 에칭 저항성 등이 필요하다. 레지스트 성능은 비단 레지스트를 구성하는 물질들의 고유한 물성(화학 구조, 분자량 및 분포, T_g 등)뿐만 아니라 공정 변수(필름 두께, baking 조건, 현상 조건, 노광 조건, 기판 특성 등)에 의해서도 크게 좌우된다. 이미지를 형성하기 위해 사용하는 에너지 조사 방법에 따라 포토(photo-)레지스트, 전자빔(electron-beam) 레지스트, X-선 레지스트 등이 있다. 자외선 광원에 반응하는 포토레지스트를 이용하는 리소그래피는 광리소그래피라 부른다.

노광에 의해 레지스트에는 화학변화가 일어나고 따라서 용해도가 크게 달라지므로 노광 부분과 비노광 부분의 용해도 차이를 이용하여 현상하면 원하는 패턴의 이미지를 얻을 수 있다. 레지스트의 용해도가 노광에 의해 감소하는 경우를 네거티브 레지스트라 하고, 반대로 노광 후 레지스트의 용해도가 증가하면 포지티브 레지스트라 한다.

포토레지스트는 고분자와 감광제[photosensitizer, 또는 광개시제(photoinitiator)라고 함] 그리고 용매로 구성되어 있다. 고분자는 필름을 형성하여 이미지 전달을 위한 마스크 역할을 하는 포토레지스트의 주성분이고, 감광제는 자외선에 민감하게 반응하는 단량체로, 노광에 의해 광화학적 변화를 일으켜 고분자의 용해도를 변화시킨다. 용매는 스핀 코팅에 의해 고분자 박막(0.5~2 μm)을 얻기 위해 사용된다.

네거티브 포토레지스트는 주로 가교될 수 있는 탄성체 고분자(예를 들면 cyclized polyisoprene)와 가교제(diazidostilbene)로 구성되어 있다. 자외선 조사에 의해 polyisoprene이 가교되면 용해도가 현저히 저하되어 네거티브 패턴을 얻게 된다. 가장 널리 쓰이는 포지티브 포토레지스트는 diazonaphthoquinone-novolac(노볼락) (DNQ/ NR) 수지의 이성분계 레지스트이다.

노볼락 수지는 phenol과 formaldehyde의 축합 반응으로 생성되는 비교적 저분자량의 수지로, 알칼리 현상액에 용해성이 있는 편이지만 감광제와 혼합하면 용해 속도가 약 100배 정도 저하된다. 따라서 DNQ 등의 감광제를 용해 억제제라고 한다.

알칼리에 불용성인 DNQ는 자외선에 의한 광화학 반응에 의해 카복실산으로 변하여 용해 촉진제로 작용하여, 표준 알칼리 현상액인 tetramethylammonium hydroxide(TMAH) 수용액에 노볼락 수지와 같이 용해되어 포지티브 미세패턴이 얻어진다.

초미세가공을 실현하기 위해서는 노광에 사용되는 빛의 파장이 더욱 짧아야 하고, 이에 따라 적절한 장비와 레지스트가 필요하다. 초고해상도 미세가공을 위한 고출력 엑시머 레이저가 개발됨에 따라 고감도 화학 증폭형(chemical amplification) 포토레지스트가 1980년대 초 IBM Almaden 연구소에서 개발되었다.

화학 증폭이란 광산 발생제(photoacid generator, PAG)를 이용하여 광자에 의해 생성된 활성종이 연쇄적으로 화학 반응을 일으켜 양자 수율이 증폭되는 현상이다. 화학 증폭형 포토레지스트의 주성분은 triarylsulfonium염 등의 onium염 또는 유기설폰산 에스터 광산발생제와 산반응성(acid-labile) 고분자 또는 화합물이다. 광산발생제는 원자외선 조사에 의해 광분해되어 강산을 발생하고, 이 산이 촉매로 작용하여 산 반응성 고분자와 반응하여 연쇄 반응을 일으키게 된다.

그림 21-2는 화학 증폭형 포토레지스트를 이용하는 기본 개념도이다. 노광된 부분의 PAG에서 산이 발생하여 잠상(latent image)만이 생긴다. 이후 노광 후 가열

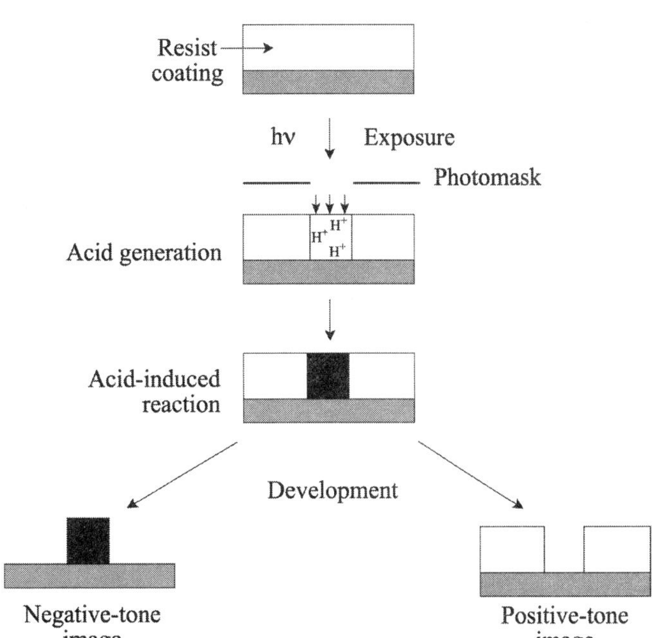

그림 21-2 화학 증폭형 레지스트의 작용 메커니즘

(post-exposure bake, PEB) 과정에서 산이 산 반응성 물질에 촉매로 반응하면서 화학 반응이 증폭되고, 이에 따라 용해도에 큰 차이가 나타난다. PEB 과정이 패턴 형성에 매우 중요한 단계임을 알 수 있다. 고분자로는 노볼락 수지와 구조가 유사한 poly(p-hydroxystryrene) 또는 poly(vinyl phenol)이 이용되는데, t-butoxy carbonyl 또는 acetal로 phenol기가 부분 보호된 상태로 되어 있으며 알칼리 현상액에 거의 불용성을 나타낸다.

리소그래피에서 매우 중요한 파라미터인 해상도는 노광 장비의 개구수(numerical aperture)에 반비례하고 노광 파장에는 비례한다. 1990년대 중반 248 nm 파장의 KrF 엑시머 레이저 노광 기술로 최소 선폭은 250 nm에 이르렀으며, 장비와 포토레지스트 등의 지속적인 개발로 현재에는 그 이하까지 제조할 수 있게 되었다. 고분자 레지스트는 앞에서 설명한 리소그래피 기술을 이용하는 고집적 반도체의 제조 이외에도 인쇄 회로 기판(printed circuit board, PCB)의 가공, 디스플레이 장치인 CRT, LCD 등의 전자 표시 장치 화면 가공 등 화상 형성(photoimaging) 분야에서 매우 중요하게 이용된다. 또, 광경화 분야에서는 표면 코팅, 감광성 접착제 및 잉크 등으로도 사용된다.

제22장

액정 고분자

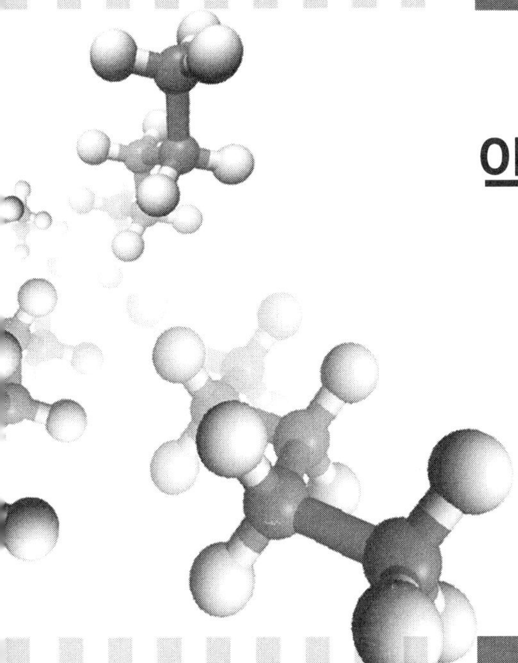

액정 고분자는 1차원 또는 2차원의 구조를 가지면서 동시에 유동성을 나타내는데, 고탄성 섬유, 고내열성 플라스틱, 각종 전자기기 및 기록 매체 등에 응용된다.

액정(liquid crystal 또는 mesogen, LC)이란 물질의 국부적인 영역이 아닌 소재 전반적인 영역에서 1차원 또는 2차원적 구조(long-range order)를 나타내는 물질 또는 상태를 말한다. 저분자 화합물과 고분자 모두가 액정 상태(liquid crystalline phase 또는 mesophase)로 존재할 수 있는데, 대체로 특별한 화학 구조를 가질 때 액정 상태를 나타낼 수 있다.

결정 고체는 3차원적으로 위치 질서와 방향 질서를 유지하지만, 무정형인 액체는 분자들이 전체적으로 무질서하게 유동한다. 액정 상태는 구조면에서 이들의 중간 상태로 1차원 또는 2차원의 질서를 가지면서, 동시에 어느 정도의 유동성을 나타낸다. 일반적으로 액정은 나무토막과 같이 막대형(rod-like)의 모양, 동전(disc-like) 모양, 부채꼴(taper-shaped) 모양 등 이방성(anisotropic) 모양을 갖는 분자[메소젠(mesogen)]들에서 나타난다.

액정 고분자는 1950년경에 발견되었는데, 급속히 발전하여 고탄성 섬유, 고내열성 플라스틱, 각종 전자 및 기록 매체 등에 응용되고 있다. 결정의 구조를 대칭에 따라 7가지 유형으로 구분할 수 있듯이, 액정 구조(mesophase)도 그림 22-1과 같이 분자들의 질서도에 따라 크게 네마틱(nematic), 스멕틱(smectic), 콜레스테릭(cholesteric) 상(phase)으로 구분할 수 있다.

네마틱 상(nematic phase)은 막대형의 분자, 즉 메소젠(mesogen)들이 서로 평행하게 1차원적으로만 배열되어 분자 배향의 질서도(molecular orientational order)만 가지고 있다. 스멕틱 상(smectic phase)은 분자 배향의 질서도에 추가해서 분자들이 이루는 layer에도 배향의 질서도(layer orientational order)가 존재한다. 스멕틱 상에는 여러 종류가 있으며, 분자들의 배향이 layer normal과 같은 방향인 smectic A phase와 분자들의 배향이 layer normal과 일정한 각도로 기울어진 smectic C phase

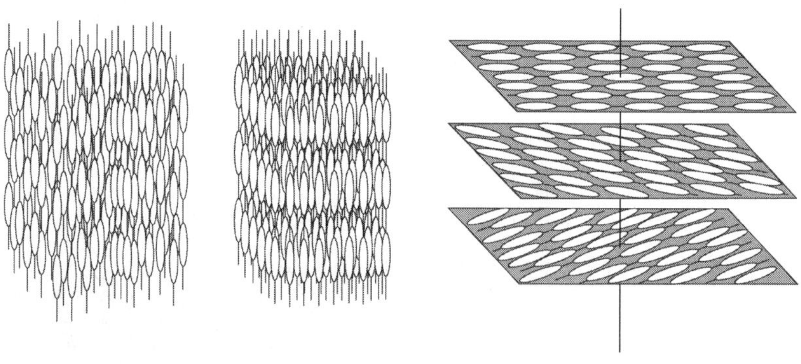

그림 22-1 액정 고분자의 주요 mesophase 유형

가 대표적이다. 콜레스테릭 상(cholesteric phase)은 분자들의 배향이 각 층에 따라 변화하여 마치 나선의 회전 형식으로 나타내는 상 구조이다.

최근 부채꼴 모양의 분자(taper-shaped molecule) 및 동전 모양(disc-like)의 분자에서 나타나는 discotic(디스코틱) 액정상은 접시를 쌓아 원통형의 모습으로 나타난다. 이들 액정상들은 모두 공통적으로 이방성(anisotropic) 분자 모양을 가지고 있다.

액정 고분자는 온도와 압력 변화에 따라 여러 가지 액정상(mesophase)을 나타낼 수 있는데, 이들 mesophase 간의 전이는 열역학적 1차 전이에 해당되고 DSC 실험에서는 흡열 피크로 관찰할 수 있다. 액정 고분자는 또한, 액정 현상을 발현시키는 이방성 분자인 메소젠이 주쇄에 존재하는 주쇄 액정 고분자(main chain liquid crystalline polymers)와 메소젠이 고분자의 측쇄에 존재하는 측쇄 액정 고분자(side chain liquid crystalline polymers)로 분류할 수 있다.

액정상의 발현 원인에 따라 용액에서의 분자 운동에 의한 유방성(lyotropic) 액정과 열에 의한 분자 운동으로 인한 열방성(thermotropic) 액정으로도 나눌 수 있다. 유방성 액정은 30% 정도의 농축 용액 상태에서 질서를 갖는 경우이다. 통에 물을 가득 채운 뒤, 나무로 만든 이쑤시개를 서로 겹치지 않도록 1개씩 넣으면 처음에는 이쑤시개들이 무질서하게 배열하지만, 차츰 수가 증가하게 되면 몇 개씩 가지런히 모여 소집단을 이루고, 이들 소집단끼리도 서로 나란히 모이는 것을 볼 수 있다. 바로 이런 현상이 유방성 액정 거동이라고 볼 수 있다.

유방성 액정 고분자들은 대개 네마틱 액정상을 형성하는데, 주로 방향족(aromatic) 고리를 갖는 방향족 polyamide들이 여기 속한다(표 22-1 참고). 대부분의 방향족 polyamide 액정 고분자들로부터 매우 강직한, modulus가 매우 큰 섬유를 제조할 수 있다.

한 예로 poly(1, 4 -benzamide) 섬유는 강도와 탄성 계수가 각각 3.0 GPa, 100 GPa 정도로 일반 고분자 섬유와 비교하여 월등하게 높고, 용융 온도도 너무 높아 측정이 불가능하며 500°C에서 분해된다.또 다른 방향족 polyamide인 poly(p-phenylene terephthalamide)는 Du Pont사가 방탄복 등에 사용하기 위해 개발한 고성능 섬유인 Kevlar의 기본이 되는 물질로 알려져 있다. 셀룰로스 유도체와 poly(g-benzyl L-glutamate) 등의 polypeptide도 유방성 액정 고분자에 속한다.

열방성 액정은 유방성 액정과 달리 용융 상태에서 질서를 갖는 액정 상태가 유지되며, 주로 방향족 copolyester들이 여기 속한다. 방향족 polyester가 homopolymer인 경우에는 녹는점이 너무 높아 액정 상태에 도달하기 전에 분해되지만, bulky side group을 갖는 단량체를 이용하거나, 유연한 spacer를 이용하여 공

표 22-1 주요 액정 고분자들의 구조식

액정 고분자
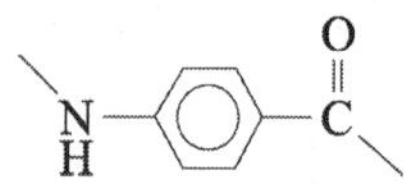
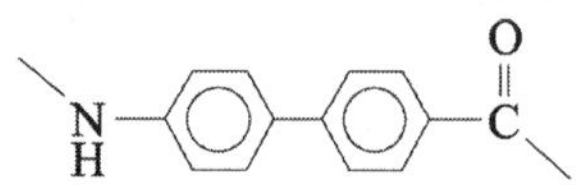
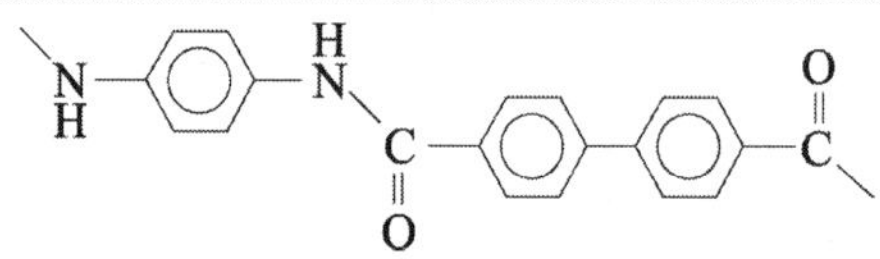
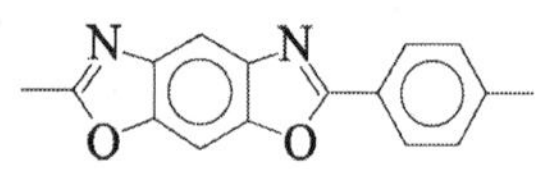
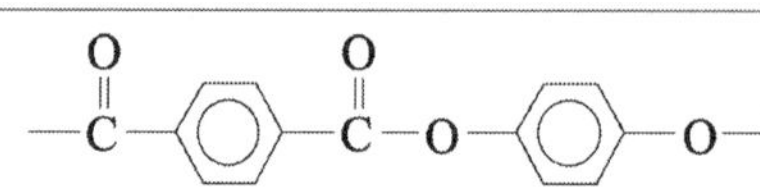
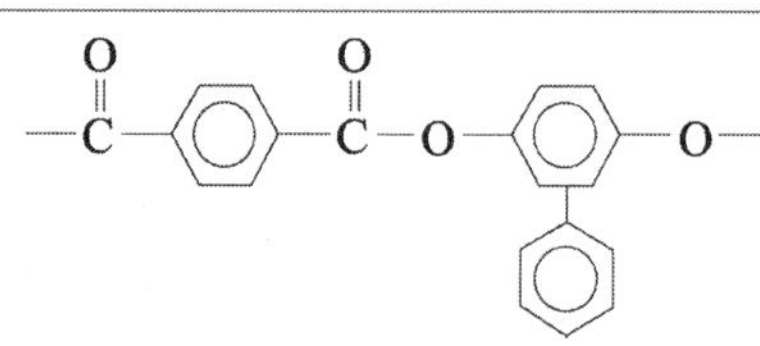
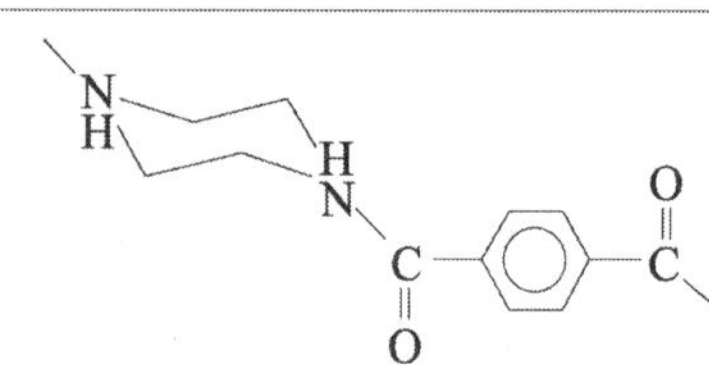

중합 함으로써 녹는점을 낮추면 열방성 액정 고분자를 얻을 수 있다(표 22-1 참고). 이러한 열방성 copolyester들은 뛰어난 내열성을 나타내며, 각종 전자 기기에 사용되는 디스플레이용 액정으로도 널리 사용되고 있다. 열방성 액정 고분자들은 고내열성 물질임에도 불구하고 용융 점도가 매우 낮다. 열방성 액정 고분자는 일반 결정성 고분자와 달리, 용융 상태에서 강직한 사슬들이 영역별로 배열한 도메인을 형성하고 이들 도메인 간에 미끄럼이 가능하기 때문이다.

유방성 액정 고분자와 열방성 액정 고분자는 실제 사용하는 조건에서는 액정 상태가 아니다. 즉 가공 중에는 액정 상태를 유지하여 점도가 크게 낮아지는 장점을 이용하지만, 가공 후에는 용매를 제거하거나 냉각을 함으로써 액정 상태에서 결정 상태로 전환되므로 실제로는 결정 상태에서 사용하게 된다.

한편, 측쇄에 메소젠을 가지는 측쇄 액정 고분자들은 대부분 막대 모양 또는 디스크 모양의 메소젠을 측쇄로 갖는 고분자들로, 주로 고분자 주쇄가 아크릴계나 실리콘계 random coil형 고분자들이다. 이때 측쇄에 존재하는 메소젠을 고분자 주쇄(backbone)에 연결하기 위한 spacer group이 존재한다. 대개 알킬기를 사용하는데, 이들의 특성이 전체 고분자의 액정 거동을 결정한다고 알려져 있다. 측쇄 액정 고분자는 주쇄 액정 고분자에 비해 탄성 계수나 강도는 그리 크지 않지만 전기장, 자기장 등에 의해 구조와 광학적 특성이 변하므로 점차 그 용도가 확대되고 있다.

제23장

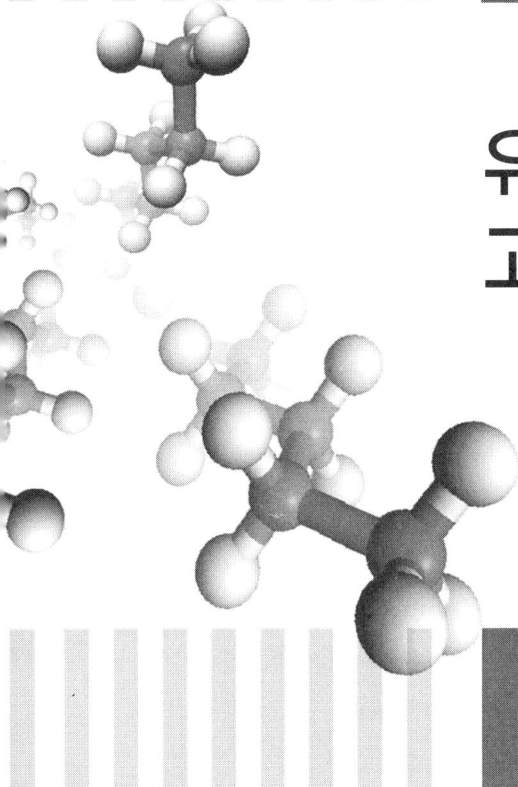

유기 전기발광과 고분자

고분자 박막층을 이용하는 전기 발광소자는 차세대 평판 디스플레이 기술로 주목받고 있다.

유기 전기발광(electroluminescence, EL) 소자는 그림 23-1과 같이 ITO 등의 투명 전극인 양극과 일함수(work function)가 낮은 금속의 음극, 그리고 그 사이의 유기 박막층으로 구성되어 있다. 여기에 순방향의 전압을 가하면 양극에서는 정공(hole)이 주입되고, 음극에서는 전자가 주입되는데, 주입된 정공과 전자가 결합하여 엑시톤(exiton)을 형성하게 된다. 이 엑시톤이 발광 재결합(radiative recombi- nation)하는 것이 바로 전기발광 현상이다.

이때 기판은 대개 유리를 사용하나 유연한 PET 필름 등 플라스틱을 사용하기도 한다. 유기 박막층은 저분자 또는 고분자 물질로 제조할 수 있는데, 저분자 물질은 진공증착법으로, 고분자는 스핀 코팅 방법으로 기판에 박막을 형성한다.

낮은 전압에서 구동시키기 위해서는 유기 박막층이 약 1000Å 정도로 매우 얇아야 하며, 균일하고 결함이 없어야 한다. 발광 효율을 높이기 위하여 여러 가지 유기 물질의 다층구조를 주로 사용하며, 발광 전이가 효과적으로 일어나도록 형광 색소나 인광 색소를 도핑한다.

유기 전기발광 현상은 1965년 anthracene 단결정으로 실현되었으나, 고전압이 필요하고 발광효율이 낮아 별로 관심을 끌지 못했다. 그러던 중 1986년 Kodak사의 Tang에 의해 유기 착화합물 박막을 이용한 유기 EL 소자가 개발되었고, 1990년 Cambridge 대학의 Friend 교수팀에 의해 폴리파라페닐렌비닐렌[poly(p-phenylene vinylene), PPV] 박막을 이용한 고분자 EL이 소개된 이후 차세대 평판 디스플레이 기술로 주목을 받고 있다. 유기 EL 디스플레이는 발광 효율이 높고 구동 전압이 낮으며, 시야각이 넓고 응답속도가 빠르기 때문에 고화질의 동영상을 표현할 수 있다.

원래 전기발광 표시소자 재료로는 GaN, ZnS, SiC 등의 무기물 결정들이 주로 사용되었는데, 이들은 견고하고, 사용온도 범위가 넓으며, 대형 평판 기능 등 장점

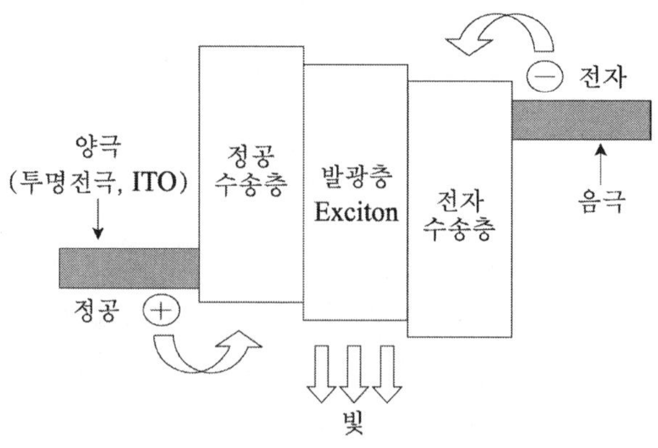

그림 23-1 유기 전기발광 소자의 구조

이 있었지만, 구동 전압이 높고 청색 발광 효율이 낮은 단점이 있었다. 재료적인 측면에서 발광 효율이 우수한 적, 녹, 청색의 유기발광 소자를 저분자 유기물은 물론이고 고분자로도 제조할 수 있다. Polyfluorene 계열의 고분자 박막으로 무기 반도체 발광소자의 최대 효율을 능가하는 효율을 기록하기도 하였다.

유기 박막층으로 사용되는 고분자 물질은 저분자 유기물에 비해 기계적 강도가 높고, 내열성이 좋으며 다양한 합성 방법에 의해 π-공액 이중 결합의 길이를 조절할 수 있는 이점이 있다. 대표적 고분자로는 PPV와 그 유도체인 poly(2-methoxy-5-(2-ethylhexyloxy)-1,4-PV) (MEH-PPV) 및 cyano-poly(phenylene vinylene) (CN-PPV), poly(p-phenylene) (PPP) 및 그 유도체, polythiophene과 그 유도체 등이 있다. 최근에는 덴드리머(dendrimer)를 이용한 고분자 유기 EL 소자의 개발도 활발히 연구되고 있다.

유기 EL을 이용한 박막 디스플레이는 고품위 패널 특성(저전력, 고휘도, 고응답속도, 저중량)을 가진 차세대 평판 디스플레이로서 향후 이동통신 단말기, PDA, Camcorder, Tablet PC 등 대부분의 전자기기 응용제품에 사용될 수 있을 것으로 보인다. 또한 플라스틱 기판을 사용하는 flexible display에도 적용될 수 있으며, 노트북 PC, 모니터 등에도 적용되리라 예측된다.

제24장

고분자 분리막

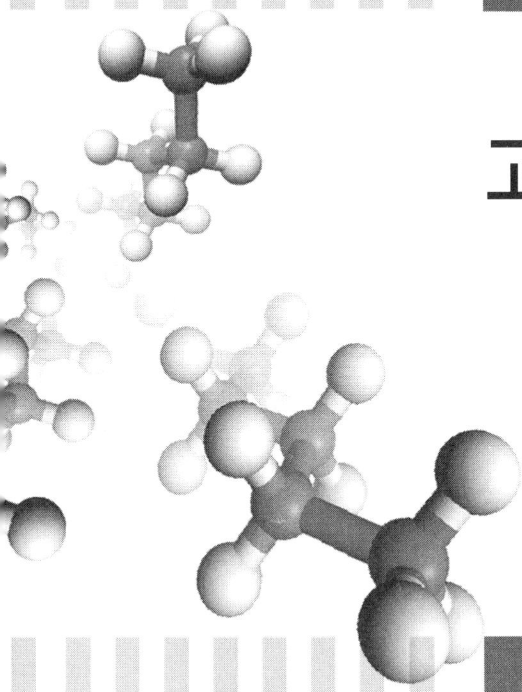

고분자 분리막을 이용하여 해수를 담수화하거나 혈액투석, 의약품의 방출속도 조절 등이 가능하며 이차 전지 및 연료 전지에도 사용될 수 있다.

분리막(membrane)이란 액체 또는 기체의 혼합물을 압력차, 전기력 차, 농도차 등을 이용하여 이동시킬 때, 소재의 표면 및 내부의 미세구멍 크기 및 계면 특성에 따라 혼합물 중의 한 성분을 선택적으로 통과시키거나 걸러낼 수 있는 분리 기능을 수행하는 막이다. 분리막을 이용하면 공기나 현탁액으로부터 고체 입자를 걸러내거나 해수를 담수화할 수 있다. 또 전기화학적 프로세스에서 특별한 이온을 분리하거나 혈액투석, 인공 폐, 의약품의 방출속도 조절 등이 가능하게 된다.

분리막은 금속, 세라믹, 미세 다공성 탄소 등으로도 제조할 수 있으나, 고분자 소재가 전체 분리막의 약 80% 이상을 차지한다. 분리막의 종류에 따라서 분리가 일어나는 물질 이동 원리가 달라지는데, 다공성 분리막의 경우에는 입자 크기에 의한 배제(size exclusion)의 원리가 적용되고, 미세공극이 없는 dense한 분리막의 경우에는 용해와 확산의 원리가 적용된다.

미세공극의 지름과 막을 통과하려는 물질의 크기 및 평균 자유 행로(기체의 경우) 간의 상관관계에 의해 결정되는 크기 배제 효과를 이용하면 10 μm 정도의 입자는 물론이고, 기체의 경우에는 수 Å 정도까지 분리해 낼 수 있다.

미세공극이 없는 분리막을 통한 물질 이동은 막을 통과하려는 물질의 분리막 내에서의 용해성 및 확산성에 의해 결정된다. 따라서 분리막에 사용되는 고분자가 유리 상태일 때와 고무 상태일 때 물질 이동 속도는 달라진다.

여과

분리막의 가장 두드러진 용도는 액체 또는 공기 등의 기체 혼합물로부터 고체 입자를 걸러내는 여과(filtration)이다. 즉, 크기 배제 원리에 따라 분리막의 공극(pore) 크기보다 큰 입자는 분리막을 통과하지 못하게 된다.

지름이 0.1~10 μm인 분리막을 정밀 여과막(microfilter)이라고 하는데, 미립자의 분리, 박테리아와 같은 세균 분리 등에 이용되어 왔다. 특히 생맥주 제조 시 세균처리, 식품제조용 용수처리 등에 쓰이며, 최근에는 리튬 이온 2차 전지의 separator로도 사용되고 있다. 지름이 0.001~0.1 μm 정도인 분리막은 한외 여과막(ultrafilter)이라 하며, 초순수 및 음용수의 제조, 폐수처리용 필터로 이용되고 있다.

역삼투(reverse osmosis)는 여과의 극한적 개념으로, 원래 해수의 담수화를 목적으로 개발되었다. 일반적인 삼투 현상으로는 물이 염분 농도가 낮은 쪽에서 높은 쪽으로 확산되어야 하지만, 역삼투 공정에서는 담수와 해수의 삼투압 차이(약 28

kg/cm^2)를 능가하는 압력을 이용하여 해수를 담수화한다. 이때 사용되는 분리막은 해수에 녹아 있는 매우 작은 염분의 이온들은 통과시키지 않지만 물 분자는 자유로이 통과시킬 수 있어야 하므로 매우 작은 세공(5~20 Å 정도)을 갖는다. 역삼투막으로 사용되는 고분자로는 cellulose triacetate, 방향족 polyamide, polysulfone 등이 있다.

한편, 나노여과(nanofilteration)의 중요성도 점차 커지고 있다. 나노여과막은 한외 여과막과 역삼투막의 중간 정도의 성능을 보이는데, 약 10 Å 정도의 세공을 갖고 있어 분자량 100~200 정도 크기의 분자들을 걸러낼 수 있다. 주로 한외 여과막에 코팅되어 있으며 음전기를 띤 친수성기를 함유한 얇은 필름의 복합막 형태로 사용되는데, cellulose acetate, polyamide, poly(vinyl alcohol), poly(ether sulfone) 등이 이용된다. 나노여과막을 이용하여 물에서 각종 미네랄 성분을 제거할 수 있으며, 특히 역삼투막과 비교할 때 물의 유량(flux)이 크고 소수성 콜로이드, 단백질 등의 오염이 적다.

기체 분리

고분자는 기체 혼합물로부터 특정 성분의 기체를 분리할 수 있는 선택성이 높을 뿐 아니라 여러 형태의 막으로 쉽게 제조할 수 있어 다른 소재들보다 각광을 받고 있다. 즉, 필름, 속이 빈 섬유 또는 박막 코팅 등으로 제조하기가 용이하다.

고분자 분리막을 통해 특정 성분의 기체를 분리해내는 데는 고분자의 투과도(permeability)와 투과선택도(permselectivity)가 작용한다. 투과도는 분리막 전후의 압력차에 대한 투과 성분의 flux를 가리키며, 투과 선택도는 기체 혼합물 중 각 성분의 투과도의 비로 정의할 수 있다. 일반적으로 고분자의 기체에 대한 투과도는 기체의 크기가 작을수록 그리고 기체의 용해도가 증가할수록 커진다.

투과도와 투과선택도는 고분자의 구조와 그 물리적 상태(결정, 비결정 등) 등에 따라 크게 변하는데, 몇 가지 예외를 제외하고는 고무 상태 고분자가 유리 상태 고분자보다 투과도는 높으나, 투과 선택도는 더 낮다. 또 거의 모든 고분자의 경우 투과도가 높으면 투과선택도는 낮게 나타난다.

한편 PE, PET 등은 결정성이 높아서 산소, 이산 화탄소 등의 기체 투과도가 매우 낮기 때문에 기체 분리막 소재로는 적합하지 않지만, 음식물 포장용 차단 필름(barrier film)으로 이용할 수 있다. 이것이 탄산음료 용기로 PET가 널리 사용되는 이유이다.

액체 분리

액체 혼합물은 분리막을 이용하면 효과적으로 분리할 수 있는데, 이때 중요한 공정이 투과 증발(pervaporation)이다.

그림 24-1에서 볼 수 있듯이 분리막 아래쪽에는 진공을 걸어 주는데, 선택적 용해와 확산에 의해 분리된 성분이 분리막을 통과하면서 증발하며 증기화된 permeate를 응축시켜 생성물을 얻는다. Feed 중 투과되지 않은 나머지를 retentate라 부른다. 투과 증발은 바이오매스(biomass: 전분, sugar, 셀룰로스 등)를 발효할 때 생성되는 에탄올을 농축하거나 유기물 혼합물의 분리 등에 주로 사용된다.

셀룰로스 유도체들은 알코올-물 혼합물의 분리에 높은 투과도를 보이며 poly(vinyl alcohol)은 알코올과 비교하여 물에 대한 투과도가 매우 높고, 반대로 silicone 탄성체는 물보다는 알코올에 높은 투과도를 나타낸다.

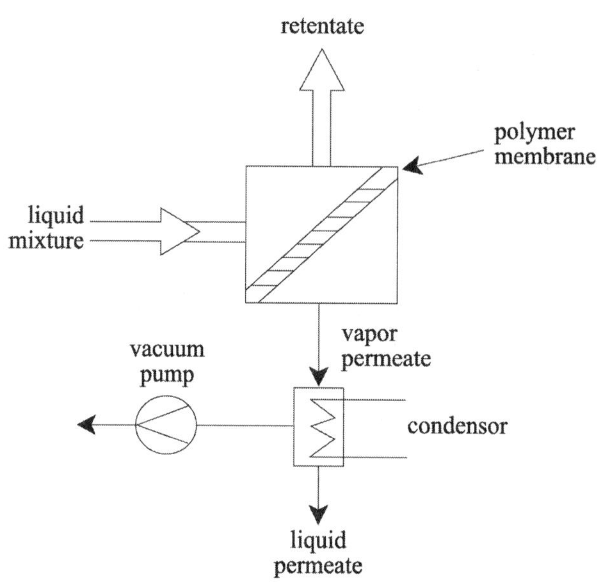

그림 24-1 막을 이용한 투과증발 공정의 모식도

분리막의 제조

미세공극이 없는 분리막(dense membrane)은 고분자 필름을 제조하는 일반적 방법인 압출 성형, 압축 성형, 캐스팅 등으로 제조할 수 있다. 미세 다공성 분리막을 만들기 위해서는 결정성 고분자를 연신하는 stretching법, 고분자에 분산시킨 고체 입자를 용매로 추출해내는 leaching법, 고분자에 방사성 원소를 첨가한 후, 방사성 원소들의 분해를 이용하여 track을 만들고 산이나 염기로 부식시키는 track etching법 등이 사용된다.

고분자 분리막을 이용하여 혼합물을 분리하는 작업의 경제성을 높이기 위해서는 선택도도 높아야 하지만, 동시에 유량(flux)도 높아야 한다. 투과도와 선택도는 분리막 소재인 고분자의 고유한 물성이지만, 유량은 분리막 두께를 얇게 함으로써 증가시킬 수 있다. 이때 분리공정에서 가해지는 상당한 압력차를 견딜 수 있도록 설계되어야 함은 물론이다.

이 용도에 적합한 분리막을 1960년 Loeb과 Sousrirajan가 제안하였는데, 상역전(phase inversion)을 이용하여 얇고 촘촘한 skin과 두껍고 비교적 큰 공극을 갖는 substrate로 구성된 비대칭 분리막(asymmetric membrane)이다. 비대칭 분리막의 skin은 0.1~1 μm 정도의 두께를 가지면서 분리를 담당하고, substrate는 기계적 강도를 부여한다. 수 Å 정도의 매우 작은 결함이라도 존재하면 비대칭 분리막의 선택도는 크게 감소하는데 제조 과정에서 결함이 전혀 없는 skin을 만들기가 매우 어렵다. 이를 해결하기 위하여 제안된 것이 silicone 탄성체와 같은 고투과성 고분자의 박막을 비대칭 분리막에 코팅한 coated asymmetric membrane 또는 복합 분리막(composite membrane)이다.

한외 여과막은 막 표면의 미세공극 크기가 작으므로 미세공극 크기 조절이 용이하도록 T_g가 비교적 높은 비결정성 고분자가 적합하다. Polysulfone계 고분자[poly(ether sulfone) 등]가 내열성, 내pH성, 기계적 특성 등이 우수하여 널리 사용된다. polyacrylonitrile은 친수성 고분자이지만 내용제성, 내화학성이 우수하고 단백질 흡착이 적다.

역삼투막으로는 cellulose acetate, 방향족 polyamide, poly(piperadine amide) 등이 사용되고 있는데, 특히 cellulose acetate는 내알칼리성 등은 다소 약하나 내염소성, 내오염성이 우수하여 비대칭막으로 제조되고 있다. 방향족 polyamide의 경우, 선형 polyamide는 비대칭막의 형태로 이용되며, 가교 polyamide는 복합막으로 친수성이 뛰어나고 탈염율, 내산화성, 유기물 제거율 등이 매우 높아 초순수 제조 분야 등에 자주 사용된다.

모듈 제작

이와 같이 만들어진 분리막들을 실제로 응용하기 위해서는 분리 효율을 극대화할 수 있도록 모듈(module)로 제조해야 하는데, 분리막의 비표면적을 크게 하여 분리막과 투과물의 접촉면적을 최대한 증가시켜야 한다.

널리 사용되고 있는 모듈에는 표 24-1에서 볼 수 있듯이 대략 5가지 종류가 있다.

표 24-1 모듈의 유형과 분리법

모듈 유형	분리법
중공사형(Hollow fiber)	역삼투, 기체 투과, 투과 증발
나권형(Sprial wound)	역삼투, 투과 증발, 기체 투과
평판형(Plate and frame)	투과 증발, 한외 여과
관형(Tubular)	한외 여과, 정밀 여과
모세관형(Capillary)	한외 여과, 정밀 여과

중공사형 모듈은 주로 역삼투와 기체 분리에 이용되는데, 중공사의 외경은 대략 80~200 μm 정도이고 벽두께는 20 μm 이상이다. 역삼투의 경우 주로 polyamide, cellulose acetate, sulfonated polysulfone 등을 용융 방사하거나 용액 방사하여 얻으며, 기체 분리를 위해서는 polysulfone을 주로 사용한다.

지름이 훨씬 큰 중공사로 제조하는 모듈을 모세관형이라 부르는데, polysulfone, polyacrylonitrile, chlorinated polyolefin 등으로 한외 여과에 많이 이용된다.

그림 24-2는 역삼투에 주로 사용되는 나권형 모듈[spiral wound (type) module]의 모식도이다. 가운데의 permeate 집속 튜브(collection tube) 주위에 시트상 분리막 필름, spacer, 다공성 시트 등을 롤케이크처럼 감아 놓은 형태로 역삼투에서 요구되는 큰 압력에 견딜 수 있도록 설계되어 있다.

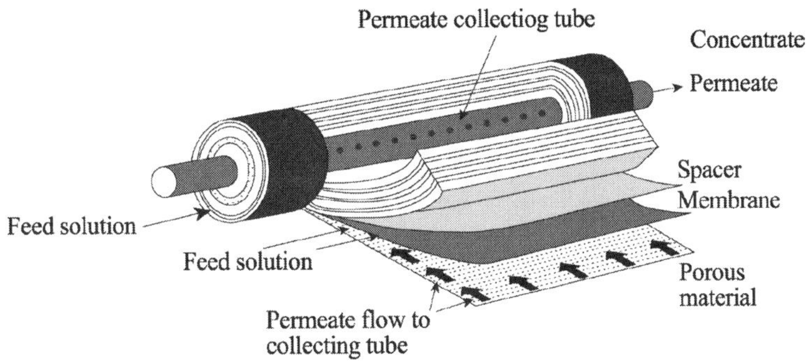

그림 24-2 나권형 모듈의 모식도

제25장

고분자의 점도

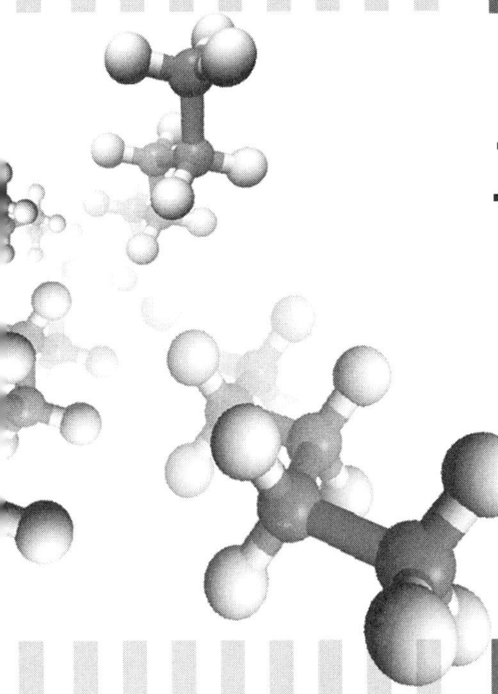

고분자의 용융 점도는 전단 속도에 따라 감소하는 pseudoplastic한 성질을 나타내는 것이 대부분이다.

고분자가 Tm 이상에서 용융되어 있으면 무정형 상태가 되며 서로 얽힌 구조(entangled)로 엉켜 있다. 고분자 용융체가 관속을 흐를 때 관의 반경에 따라 흐르는 속도가 다르므로 고분자가 끊어지지 않기 위해서는 그림 25-1처럼 뒤엉킨 고분자가 풀어져서 흐르는 방향으로 배향해야 한다. 그렇지 않으면 고분자의 사슬이 절단된다. 이와 같은 현상은 거리에 따른 유속의 변화가 클수록 더 현저하게 일어난다.

관의 반경 방향에 따라 유속이 얼마나 빨리 변하는가를 $\left(-\dfrac{dv}{dr}\right)$로 나타내며 이를 전단 속도라고 한다. 여기서 "-" 부호가 붙은 것은 반경 방향에 따라 관의 중심에서 멀어질수록 유속이 점차 감소하기 때문에 전단 속도를 양의 값으로 표시하기 위해서이다.

점도가 높다는 것은 유체가 흐르기 어렵다는 뜻이다. 따라서 고분자가 서로 뒤엉켜 있을 때가 고분자 사슬이 풀어져 유체가 흐르는 방향으로 배향되었을 때보다 더 흐르기 어려울 것이므로 점도가 더 높다. 즉, 용융 고분자의 점도는 전단 속도가 증가함에 따라 점차 감소하는 pseudoplastic(또는 shear thinning이라고도 함)한 거동을 보인다. 전단 속도가 증가함에 따라 점도가 더 빠르게 감소하면 pseudoplasticity가 크다고 하며 더 shear thinning하다고도 표현한다. 반대로 전단 속도에 따른 점도 감소가 크지 않으면 pseudoplasticity가 작다고 하고 덜 shear thinning하다고 표현한다.

물 분자와 같이 분자의 크기가 작아서 서로 뒤엉킨 conformation을 하지 못할 경우에는 유속의 변화가 있더라도 점도 변화가 없다. 이와 같이 전단 속도에 따라 점도가 변화하지 않고 일정한 유체를 Newtonian 유체라고 한다. 드문 경우이지만 전단 속도가 증가함에 따라 점도가 상승하는 유체도 있는데 이 경우는 dilatant(또는 shear thickening) 유체라고 한다.

고분자 용융체가 관 속을 흐를 때는 층류(laminar flow)를 이루면서 이동한다. 즉 수많은 동심원 통이 각각 다른 속도로 흐르는 것으로 상상할 수 있다. 이때 한 동

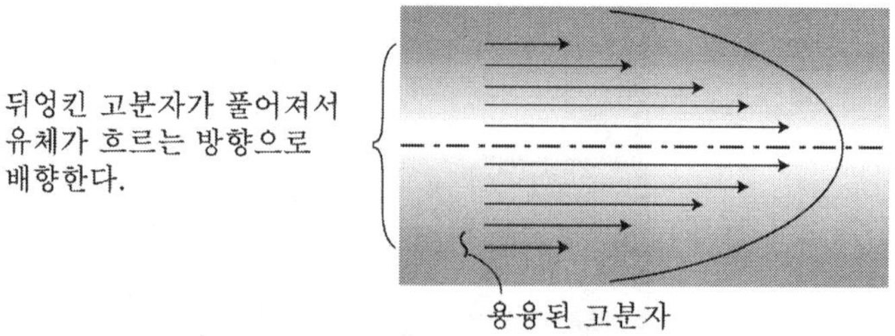

그림 25-1 관 속을 흐르는 고분자 유체

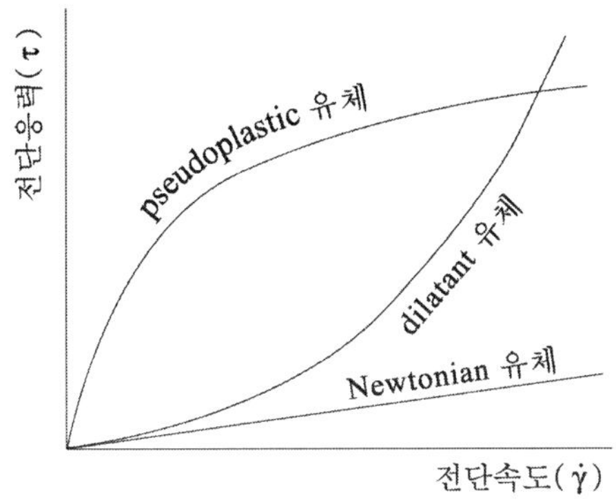

그림 25-2 여러 유체의 점도 거동

심원 통이 바로 붙어 있는 동심원 통과 서로 다른 속도로 흐르려면, 즉 전단시키려면 힘이 필요하다. 이 힘을 동심원 통의 면적으로 나눈 값을 전단 응력(shear stress)이라고 하며 N/m^2 또는 kgf/cm^2 등의 단위를 가진다.

전단 응력이 크면 클수록 인접한 두 동심원 통의 속도 차이, 즉 전단 속도가 커지며 거꾸로 전단 속도를 크게 하려면 더 큰 전단 응력이 필요하다.

$$\text{전단 응력}(\tau) = \eta \times \text{전단 속도}(\dot{\gamma})$$

전단 응력과 전단 속도의 관계를 위와 같이 표현할 때 그 계수 η를 점도(viscosity)라고 부른다.

점도가 $\dot{\gamma}$에 따라 일정하면(Newtonian 유체) τ와 $\dot{\gamma}$은 직선 관계를 보일 것이며, pseudoplastic한 유체의 경우에는 τ가 $\dot{\gamma}$에 따라 증가하지만 증가 속도가 점점 둔화하는 거동을 보일 것이다(그림 25-2).

전단 속도에 따른 점도의 변화를 살펴보면(그림 25-3), 고분자 용융체는 대부분

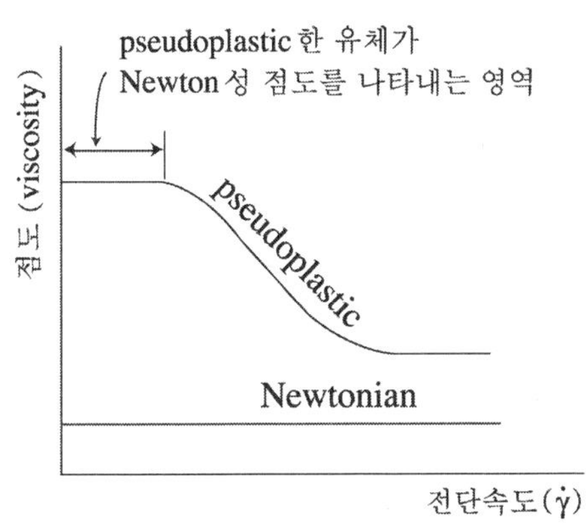

그림 25-3 전단 속도에 따른 점도 변화

pseudoplastic한 점도를 나타내며 전단 속도가 0에 가까울 때는 점도가 거의 일정한 Newtonian 거동을 보인다.

전단 속도가 0에 가까울 때의 점도를 zero shear viscosity(η_{zero})라고 한다. 전단 속도에 따라 점도가 변화하는 Non-Newtonian 유체의 경우 점도 변화를

$$\eta = k(\dot{\gamma})^{n-1}$$

으로 표현할 수 있는데, 전단 속도 변화가 크지 않을 때 점도 변화를 근사적으로 나타낼 수 있는 식이다. 여기서 η_0는 전단 속도가 0에 가까운 때의 점도이다.

전단 속도에 따른 점도 변화를 위 식으로 나타낼 수 있는 유체를 power law 유체라고 부르며, power low index n이 1.0일 때는 Newtonian 유체가 되고 n이 1.0보다 점점 더 작은 값이면 $\dot{\gamma}$에 따라 η가 빠르게 감소하므로 pseudoplasticity가 더 큰 유체라고 할 수 있다.

고분자의 flow index n의 값은 분자량과 분자량 분포 및 chain branching 등에 따라 변화하지만 polystyrene(PS)과 polyethylene(PE)의 경우 각각 0.3과 0.4 부근의 값을 나타내는 반면, polycarbonate의 경우 0.7 부근의 값을 보인다. 즉, polycarbonate(PC)의 pseudoplasticity는 PE나 PS에 비하여 상대적으로 더 적다고 할 수 있다.

고분자의 가공 공정에서 전단 속도의 크기는 압축 성형 < 압연 성형 < 압출 성형 < 사출 성형의 순으로 커진다. 따라서 압출 성형이나 사출 성형에 의하여 가공할 때 고분자 용융체의 흐름성은 전단 속도가 높을 때의 점도에 의존하므로 PS나 PE와 같이 pseudoplasticity가 높은 고분자는 가공하기가 용이한 반면, PC와 같이 pseudoplasticity가 낮은 고분자는 가공 기계의 설계 시 흐름성이 낮은 점을 고려하여야 한다.

고분자의 분자량에 따라 고분자 용융체의 점도는 상승한다. 고분자의 분자량이 사슬들이 서로 뒤엉킬 정도로 충분히 높으면 zero shear viscosity는 고분자의 중량 평균 분자량의 3.4~3.5승에 비례한다.

$$\eta_{zero} = k_1\overline{M_w}^{3.5} \qquad \overline{M_w} > M_c$$

$$\eta_{zero} = k_2\overline{M_w} \qquad \overline{M_w} < M_c$$

고분자가 서로 뒤엉킬 수 있는 최소의 분자량을 임계 분자량(critical molecular weight, M_c)이라고 하며, 이보다 낮은 분자량의 고분자 용융체의 점도는 중량 평균

분자량의 1승에 비례한다.

고분자의 분자량은 삼투압법, 광산란법, 용액점도, GPC 등을 이용하여 측정할 수 있으며, 고분자의 용융 점도를 측정하면 위 식으로부터 그 고분자의 분자량을 계산할 수 있다.

고분자의 분자량 분포도 용융 점도에 영향을 미치는데, 고분자의 분자량 분포가 넓을수록 pseudoplasticity가 더 크게 나타나 shear thinning 현상이 더욱더 현저하게 나타난다. 반면, 용융 점도의 온도 의존성은 고분자 분포가 좁을수록 더 민감하다. 따라서 같은 종류의 고분자라도 분자량 분포가 넓을수록 압출 혹은 사출 성형 시 흐름성이 더 좋게 나타난다. 그러나 분자량 분포가 넓은 고분자는 압출 혹은 사출 과정에서 분자의 배향이 더 많이 일어나는데, 배향이 많이 된 사출 성형품은 열변형이 쉽게 일어나며 충격 강도가 떨어진다.

압출에 의하여 성형된 필름에서는 고분자의 배향을 유도하여 필름의 강도를 증가시킬 목적으로 일축 연신 혹은 이축 연신을 행하고 있다. 그러나 분자량 분포가 넓은 고분자를 필름으로 만들면 분자량이 낮은 고분자 부분을 중심으로 국부적인 기계적 강도 저하가 일어나며 필름의 투명도가 떨어지는 경향을 보인다. 따라서 고분자의 흐름성과 성형품의 배향 또는 국부적인 강도 저하 및 투명도 감소 등을 동시에 고려하여 고분자가 알맞은 분자량 분포를 갖도록 조절해야 한다.

무기 충진재를 고분자에 혼합하면 고분자의 용융 점도는 무기 충진재의 함량이 높아짐에 따라 서서히 증가하다가 무기 충진재 함량이 일정 수준을 넘어서면 급격히 증가하는 거동을 보인다. 이때 무기 충진재의 모양과 크기도 고분자의 용융 점도에 큰 영향을 미친다.

온도에 따른 고분자의 용융 점도는 다음 식과 같이 감소한다.

$$\eta = A \cdot \exp(\frac{E}{RT})$$

온도가 낮을 때에는 온도 상승에 따라 점도가 빠른 속도로 감소하지만 온도가 높을 때는 온도 상승에 따른 점도 감소가 더 느리게 일어나므로, 고분자가 열분해되지 않는 한도 내에서 가공 온도를 높임으로써 안정한 가공을 할 수 있다.

용융 흐름 지수(melt index)란 일정 온도에서 고분자 용융체에 일정한 하중을 가했을 때 일정한 지름과 길이를 갖는 구멍(orifice) 속을 통과하여 10분간 흘러나오는 압출량을 말한다. 이때 orifice는 바깥지름 9.50±0.03mm, 안지름 2.095±0.005mm, 길이 8.000±0.025mm를 사용하도록 표준화되어 있다.

용융 흐름 지수의 측정 조건은 고분자 종류에 따라 각각 정해져 있다.

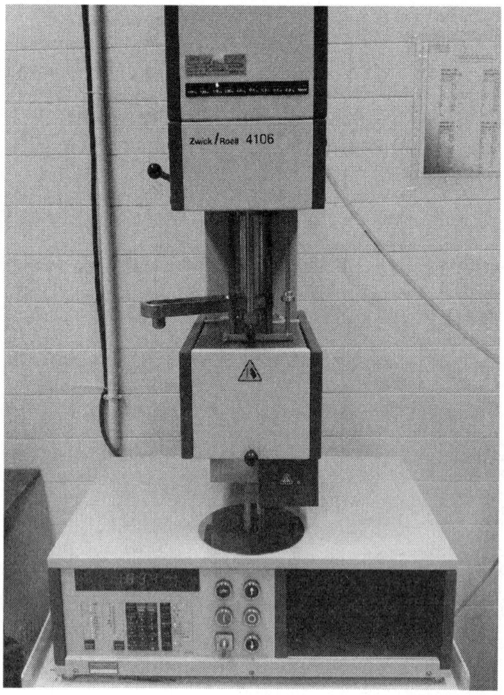

그림 25-4 용융 흐름 지수 측정 장치
(출처: Miladforhani, CC BY-SA 30, Wikimedia commons)

polypropylene(PP)의 경우에는 온도 230°C, 하중 2.160 kgf, 압력 3.040 kgf/cm^{2}으로 표준화되어 있다. polyethylene(PE)의 경우에는 온도 190°C, 하중 2.160 kgf, 압력 3.040 kgf/cm^{2}로 표준화되어 있다.

용융 흐름 지수가 높다는 것은 압출량이 많다는 뜻이므로 용융 점도가 낮다는 것을 의미한다. 또한, 측정 과정에서 전단 속도는 아주 낮아서 zero shear viscosity에 의하여 결정되기 때문에 용융 흐름 지수는 고분자의 분자량에 대한 척도로 자주 사용된다.

제26장

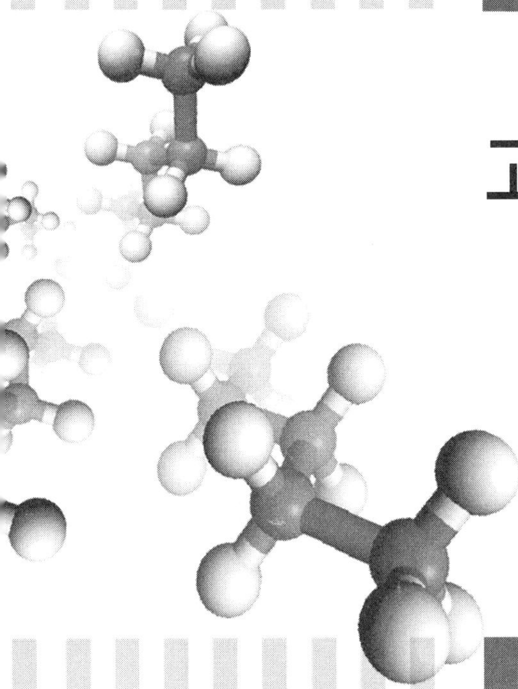

고분자의 성형법

고분자 재료는 금속 재료나 무기 재료에 비하여 더 온화한 조건하에서 쉽게 성형될 수 있는 장점을 가지고 있다.

고분자는 성형이 용이하여 빠른 속도로 제품을 대량생산할 수 있는 특징이 있다. 고분자는 여러 가지 방법으로 성형할 수 있는데 대표적인 것으로 압축 성형(compression molding), 압연 성형(calendering), 압출 성형(extrusion molding), 사출 성형(injection molding) 등이 있으며 진공 성형(vacuum forming)과 중공 성형(blow molding)도 각종 용기 모양을 성형할 때 자주 사용된다.

압축 성형

압축 성형(compression molding)이란 성형 재료를 금형(mold)의 빈 공간(cavity)에 넣고 열을 가한 후 높은 압력을 가하여 최종 제품의 모양으로 성형하는 방법으로, 열경화가 일어나는 플라스틱을 우선 열경화가 많이 일어나지 않는 조건으로 압축한 후 경화가 완료될 때까지 가열한다. 경화가 완료되면 성형품을 이탈시키는데, 성형품이 금형면에 붙지 않고 쉽게 떨어지도록 silicone oil과 같은 이형제(mold release agent)를 사전에 금형 표면에 뿌려 준다. 이 성형법은 욕조와 같은 대형 구조물을 성형할 때 자주 이용된다.

열경화성 수지뿐만 아니라 열가소성 수지를 유리 섬유 등으로 강화(reinforcing)시킨 경우에도 종종 압축 성형법이 사용된다.

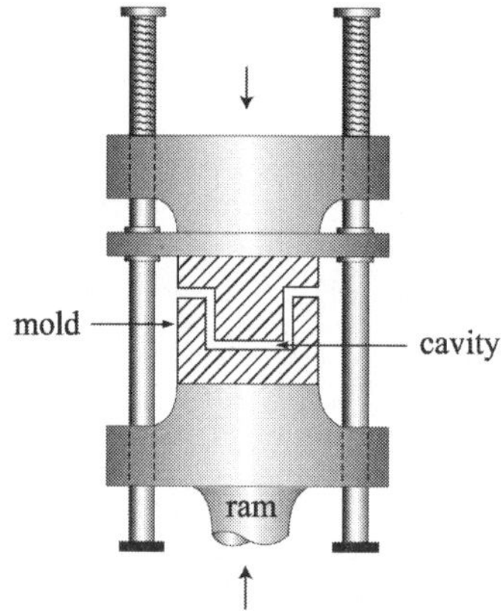

그림 26-1 Press 압축 성형

압연 성형

압연 성형(calendering)은 온도를 가하여 고분자를 연화시킨 후 가열된 roller 사이를 통과시켜 sheet상의 제품으로 성형하는 방법이다. 인접한 두 roller 중 한 roller는 고정되어 있고, 다른 roller에는 큰 힘이 가해지면서 두 roller가 밀착되는데, 이 때 가한 힘이 클수록 얇은 sheet가 만들어진다.

그림 26-2 압연 가공 공정
(출처: Nordroden/Shutterstock)

압연 성형은 주로 PVC sheet를 만들 때 사용되며, 장판이나 제품의 표면을 나무 무늬로 coating하는 무늬용 sheet 제조 시에도 사용된다. 가공 속도가 매우 빠른 가공 방법이지만 얇은 필름으로 성형하기는 어렵다.

압출 성형

압출기(extruder)를 이용하여 플라스틱 펠릿(또는 chip)을 용융시킨 후 높은 압력으로 고분자 용융체를 압출 다이(die) 속으로 통과시켜 성형하는 방법을 압출 성형(extrusion molding)이라 한다. 따라서 이 압출 성형은 길이 방향으로 단면 모양이 일정한 제품을 성형하기에 적합하다. 파이프, 시트, 필름, 막대기, 섬유 및 전선의 피복뿐만 아니라 종이 표면에 얇은 플라스틱 필름을 coating(압출 coating)시킬 때에도 사용되는 성형법이다.

압출기에는 screw가 하나인 일축 압출기(single screw extruder)와 두 축이 맞물려 돌아가는 이축 압출기(twin screw extruder)가 있는데, 이 중 이축 압출기는 플라스틱을 효과적으로 혼합하면서 압출할 수 있을 뿐만 아니라 플라스틱 용융체가 압출기 내에서 체류하는 시간이 비교적 균일하기 때문에 열분해가 쉽게 일어나는 플라스틱의 압출에 유리하다. 그러나 이축 압출기는 일축 압출기에 비하여 값이 많이 비싸다.

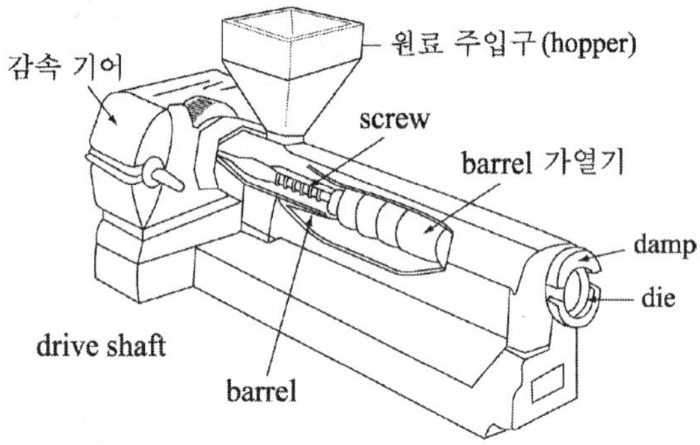

그림 26-3 일축 압출기

플라스틱 펠릿을 주입구에 넣고 가열된 barrel과 screw의 마찰열을 이용하여 플라스틱을 용융시키면서 die 쪽으로 이송하여 최종적으로는 die 속으로 통과시킨다. Die를 통과한 성형품은 물속에서 냉각시키거나 공기 중에서 냉각시킨 다음 적당한 길이로 절단하여 제품화하는데, 이 모든 과정이 중단되지 않고 연속적으로 이루어지고 있다.

Die를 통과한 고분자 성형품의 단면적이 die의 단면적보다 더 큰 경우가 많은데 이를 die swell이라고 한다. 이는 플라스틱 용융체가 점성뿐만 아니라 탄성도 함께 가지고 있기 때문에 발생하는 현상이다. Die swell은 압출 속도가 빠를수록, 압출 온도가 낮을수록 더 크게 나타난다. Die의 단면 모양과 압출 성형품의 단면 모양은 die swell 때문에 서로 다를 수 있으므로 die의 설계 시 이를 고려하여야 한다.

한편, 플라스틱 필름을 제조하기 위해서는 inflation 성형을 하거나 두께가 매우 얇고 길이가 긴 모양의 slit die를 이용하는 T-die 성형법을 주로 사용한다. Inflation 성형에서는 압출기를 이용하여 둥근 모양의 틈을 가지고 있는 die(ring die) 속으로 플라스틱 용융체를 압출한 후 플라스틱 용융체 내부에 공기를 불어 넣어 팽창시키면서 roller를 이용하여 잡아당김과 동시에 권취 roller를 이용하여 얇은 필름의 원통형 성형품을 감는다.

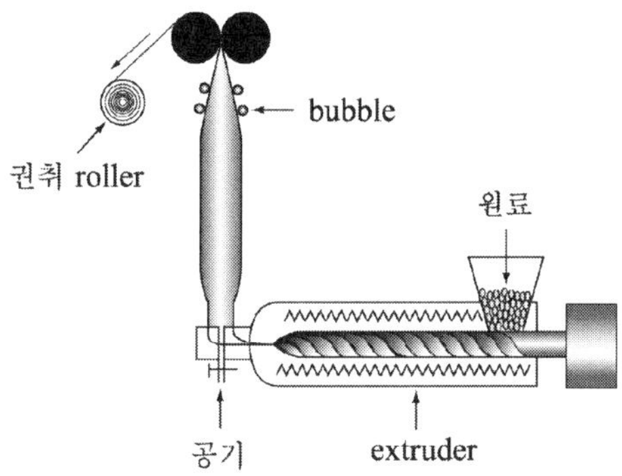

그림 26-4 Inflation 성형

이때 권취 roller의 감는 속도가 빠르면 빠를수록 연신이 많이 일어나며 bubble 내부의 압력을 크게 하여 bubble의 지름을 크게 하면 두 방향으로 연신이 일어나기 때문에 이축 연신 필름을 생산할 수 있다. 두께가 매우 얇고 폭이 넓은 필름의 제조에 가장 많이 사용되는 성형 법이다.

T-die 성형은 온도에 따라 용융 점도 변화가 큰 플라스틱의 필름을 제조하는 데 효과적인 방법이다. 고분자 용융체를 slit die 속으로 통과시킨 후 냉각수나 찬 roller로 급랭하여 고화시킴으로써 플라스틱 필름을 제조한다. 결정성이 있는 플라스틱을 저온에서 결정화되도록 하여 작은 구정이 생성되게 함으로써 플라스틱의 투명도를 높일 수 있으므로 T-die 성형은 투명한 플라스틱 필름의 제조에 자주 이용된다.

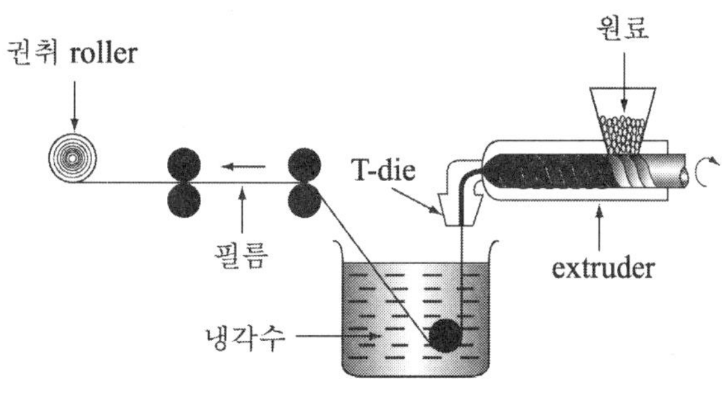

그림 26-5 die에 의한 필름의 생산

섬유 방사

고분자는 섬유상으로 가공할 수 있는데(섬유 방사, fiber spinning), 이때는 압출기를 통해 고분자 용융체를 압출하여 작은 구멍을 가진 die spinneret 속으로 통과시킨 후 고화시키고 이를 연신하여 섬유로 만든다. 용융되기 전에 분해되는 고분자는 용매에 고분자를 용해한 것을 압출하여 섬유로 만들 수 있다.

용융 방사는 고분자 용융체를 spinneret 속으로 방사(spinning)한 후 즉시 냉각, 고화시키고 연신하기 때문에 가장 단순하고 비용이 적게 드는 방법이다. 그러나 고분자가 용융될 때 열분해가 일어나는 경우에는 이 방사 방법을 사용할 수 없다.

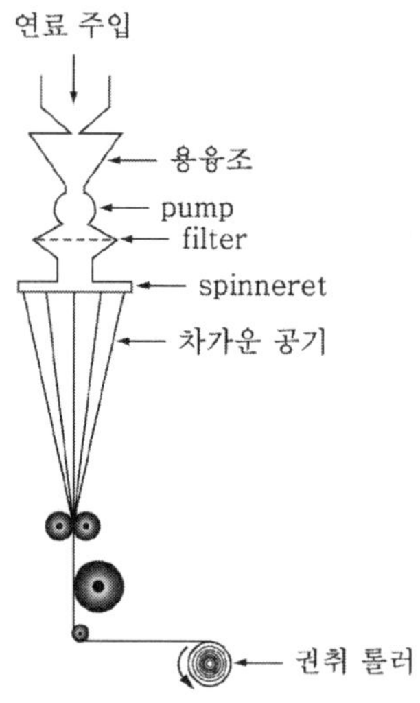

그림 26-6 용융 방사

건식 방사는 용매에 고분자를 용해시킨 후 spinneret을 통해 방사한 후 뜨거운 기체로 용매를 증발시킴으로써 고분자를 고화시키고 연신하여 섬유를 만드는 방법이다.

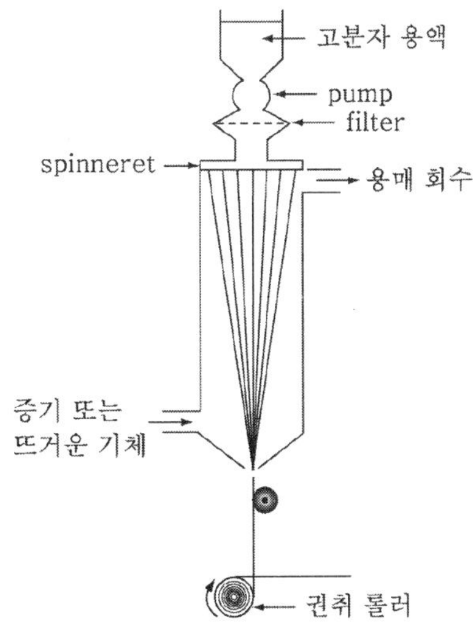

그림 26-7 건식 방사

습식 방사는 고분자를 용매에 용해시킨 것을 spinneret을 통하여 방사한 다음 고분자를 석출시키는 비용매가 채워진 응집로에서 고화시키고 연신하여 섬유를 제조하는 방법이다. 이때 섬유의 품질은 응집 속도와 응집 시 수축 정도에 따라 달라진다.

습식 방사는 생산성이 좋지 않고 균일한 제품으로 제조하기 어려우므로 용융 방사로 가공하기 힘든 고분자는 습식 방사보다는 주로 건식 방사에 의하여 섬유로 제조한다.

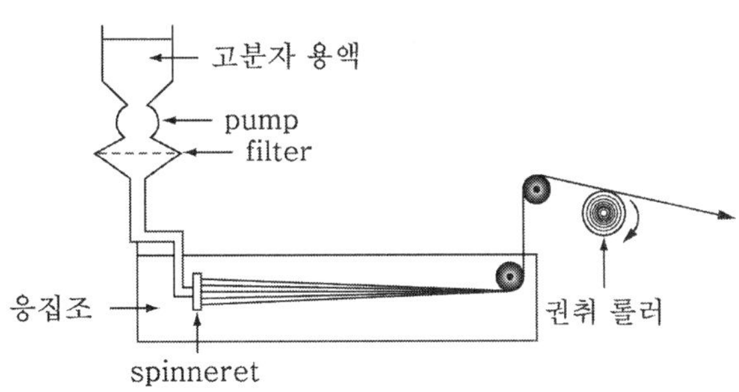

그림 26-8 습식 방사

사출 성형

사출 성형(injection molding)은 다음과 같은 4단계로 이루어진다.

우선 플라스틱 펠릿을 가열된 barrel과 screw의 회전에 따른 마찰열을 이용하여 용융시키면서 screw 앞쪽으로 이송한다. 이때 screw 앞쪽에 적당량의 용융체를 모으기 위하여 screw는 회전하면서 후진한다(용융 단계).

1회 사출에 필요한 용융체가 screw 앞쪽에 모이면 유압을 이용하여 screw를 전진시키면서 용융체를 금형 속으로 밀어 넣는다. 이때 플라스틱 용융체를 빨리 고화시킴으로써 성형 cycle time을 단축하여 제품 생산을 빠르게 하기 위해 금형의 온도를 낮은 상태로 유지하는 것이 보통이므로, 플라스틱 용융체가 금형 속으로 이송되는 과정에서 플라스틱이 도중에 고화되지 않도록 매우 빠른 속도로 이송하여야 한다(금형 채움 단계).

금형 내에서 플라스틱 용융체가 냉각되어 고화되면 수축이 일어나므로 500~2000기압의 유압으로 screw를 밀어 플라스틱의 수축을 보충할 수 있도록 플라스틱 용융체를 추가로 금형 내에 유입시킨다(가압 단계).

금형의 입구에는 단면적이 작은 gate가 있는데, 금형 내부의 플라스틱 용융체가 고화되기 전에 gate 부분의 플라스틱 용융체가 먼저 고화되어 screw를 후진시키더라도 금형 내부의 플라스틱 용융체가 금형 밖으로 새어 나오지 않도록 하는 역할을 한다.

Gate가 고화되면 금형 내부의 플라스틱이 고화되는 동안(냉각 단계) screw는 후진하여 plastic pellet을 용융함으로써 다음 사출을 준비한다.

사출 성형은 이와 같이 용융 단계(melting stage), 금형 채움 단계(mold filling stage), 가압 단계(pressure build up stage) 및 냉각 단계(cooling stage)를 반복하면서 성형품을 대량으로 빠르게 생산한다.

사출 성형에서는 금형의 설계가 매우 중요한데 이는 냉각 효율을 늘려 생산성을 높이고 금형 채움 단계에서 공기 빼기를 잘해야 하며 성형품 각 부위의 냉각 속도를 잘 조절해야 우수한 성능의 성형품을 제조할 수 있기 때문이다.

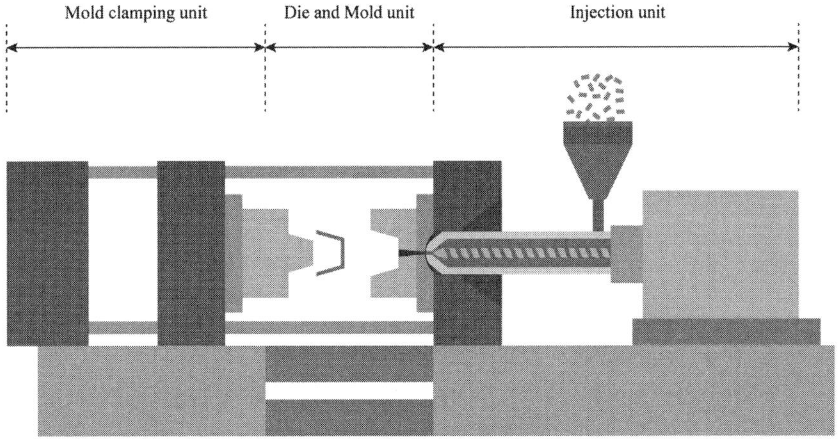

그림 26-9 사출 성형기의 모식도

중공 성형

중공 성형(blow molding)에서는 유리병을 만드는 방법과 마찬가지로 압출기로부터 원통 모양의 parison을 만든 후 이것을 금형 속에 장치하고 금형을 닫은 다음, 공기를 불어 넣어 parison을 금형 모양으로 부풀린 후 고화시켜 성형품을 꺼낸다(그림 26-10 참고).

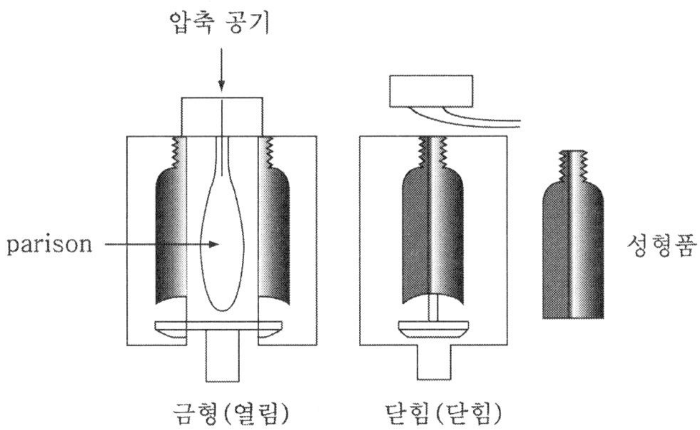

그림 26-10 중공 성형

압출기로부터 parison을 압출하면 공기 중에서 냉각되므로 서랭(slow cooling)됨에 따라 큰 구정이 생성되어 성형품의 투명도가 떨어진다.

이때에는 사출 성형으로 찬 금형 내에서 급랭하여 preform을 만든 후, blow mold 내에서 성형함으로써 투명한 성형품을 만들 수 있다(그림 26-11).

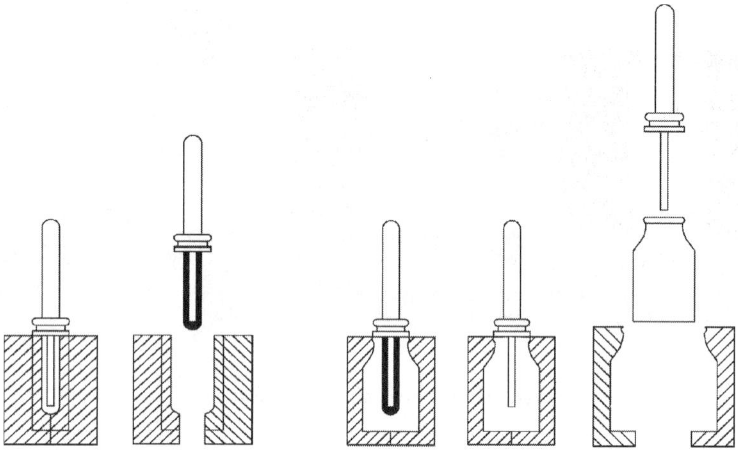

(a) (b)

그림 26-11 사출 blow 성형. (a) 사출 단계, (b) blow 단계.

진공 성형

Plastic sheet를 mold 위에 고정하여 가열, 연화시킨 후 mold 밑면에 설치된 작은 구멍으로 진공펌프를 이용해 공기를 빼냄으로써 plastic sheet가 mold 표면에 밀착되는 방법으로 성형하는 것을 진공 성형(vacuum forming)이라 한다. 각종 플라스틱이나 1회용 용기 또는 형상을 가지는 포장재의 제조에 적합하다. 그림 26-12와 같이 4가지 방법이 있다.

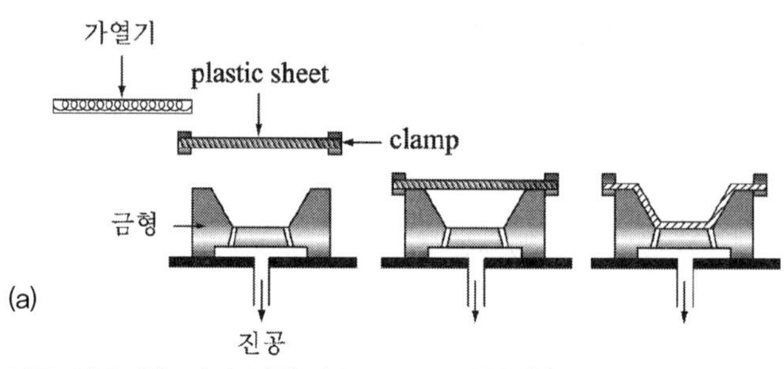

그림 26-12 진공 성형. (a) 직접 성형, (b) Drape 성형, (c) Air slip forming, (d) Plug assist molding (계속)

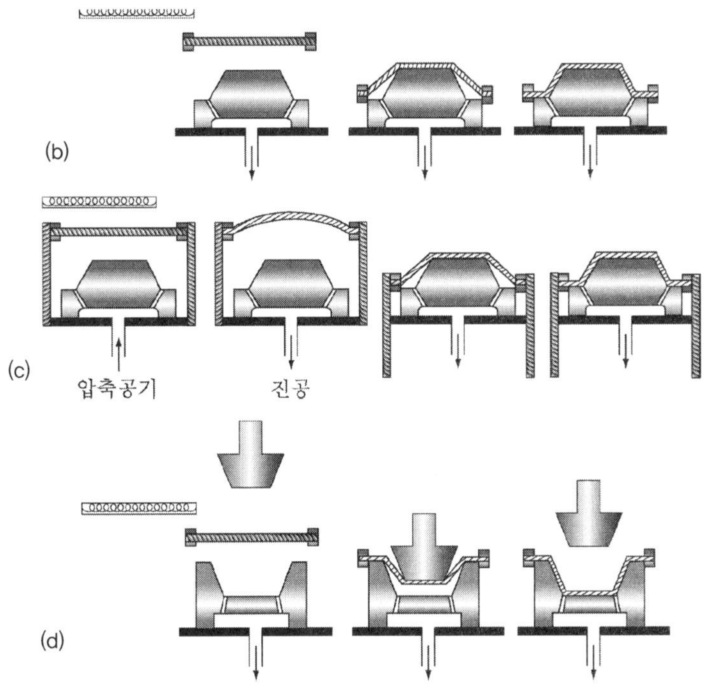

그림 26-12(계속) 진공 성형. (a) 직접 성형, (b) Drape 성형, (c) Air slip forming, (d) Plug assist molding

제27장

고분자 첨가제와 환경

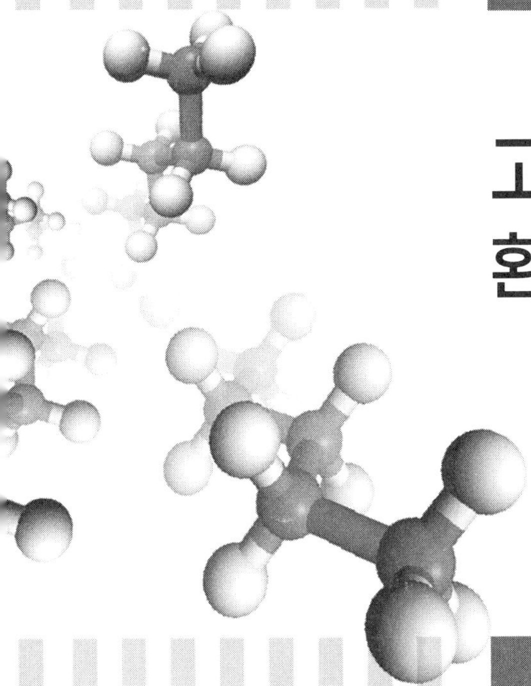

첨가제란 플라스틱 제품의 물성을 원하는 최종 용도에 맞게 보완하고 개선시키기 위해 첨가하는 화학 물질을 말한다.

대부분의 플라스틱 제품을 만들 때 첨가제를 고분자 원재료와 함께 혼합하여 사용하는데, 첨가제란 플라스틱 제품의 물성을 원하는 최종 용도에 맞게 보완하고 개선시키기 위해 첨가하는 화학 물질을 말한다. 예를 들어 폴리염화바이닐[poly(vinyl chloride), PVC]의 경우, 고분자의 주 사슬이 염소기를 함유하고 있어서 주쇄의 극성이 강하고 열과 빛에 노출시 불안정하다. 따라서 과량의 첨가제를 사용하여 최종 PVC 플라스틱 제품의 물성과 안정성을 개선하고 있다.

사회적으로 대두되고 있는 문제 중의 하나로 플라스틱 폐기물 쓰레기와 미세플라스틱의 처리문제를 들 수 있다. 자연에 폐기, 방치된 플라스틱이 자연환경과 생태계에 큰 부담이 되는 이유 중의 하나가 플라스틱 폐기물로부터의 첨가제의 침출(leaching)이다(그림 27-1). PVC에 첨가되는 대표적인 과량의 가소제인 프탈레이트(phthalate) 화합물은 접착제와 자동차 코팅 등에 광범위하게 사용되는데, 이들 물질은 흡입 시 기관지 자극을 유발하며 인체에 유해하다고 알려져 있다. 안정제로 사용되는 노닐페놀(nonyl phenol)은 체내에서 거의 분해가 되지 않으며 내분비계를 교란시키는 것으로 알려져 있다. 이처럼 플라스틱 첨가제는 인체에 유독하며 플라스틱의 유해성은 대부분 첨가제와 밀접하게 관련되어 있다.

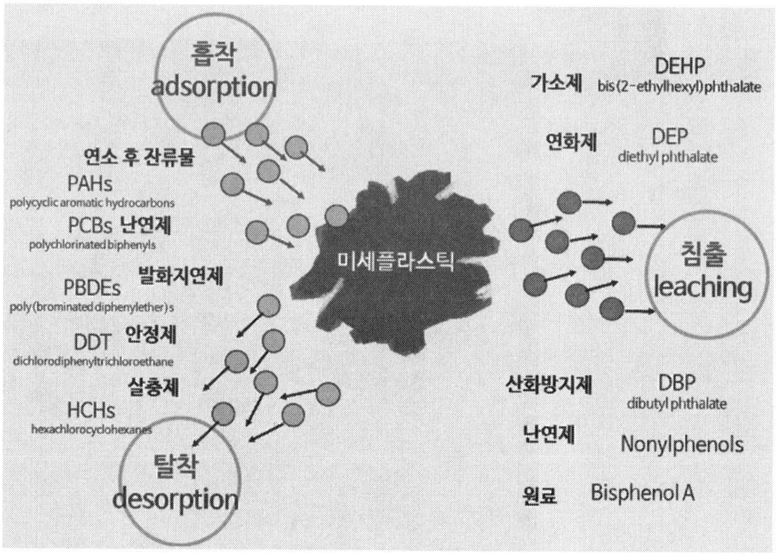

그림 27-1 미세플라스틱 내 첨가제의 환경 영향

미세플라스틱

미세플라스틱은 입자의 크기가 5 mm 미만인 플라스틱 조각으로 정의하는데 (GESAMP 2015), 의도적으로 제조된 경우를 1차 미세플라스틱, 플라스틱 폐기물에 기인하여 자연에 의하여 풍화된 경우를 2차 미세플라스틱으로 구분한다. 미세플라스틱은 자연 생태계에 여러 형태로 축적되어 환경에 큰 부담이 되고 있으나(그림 27-2), 표면적이 나노물질에 비해 큰 편이고 표면활성이 다른 금속이나 세라믹 물질과는 달리 그렇게 강하지 않은 측면이 있다. 미세플라스틱의 종류가 워낙 다양하기 때문에 각각의 고분자 물질의 화학적인 성질에 따른 생체 교란 효과도 아직 체계적인 연구가 미진한 상태이다.

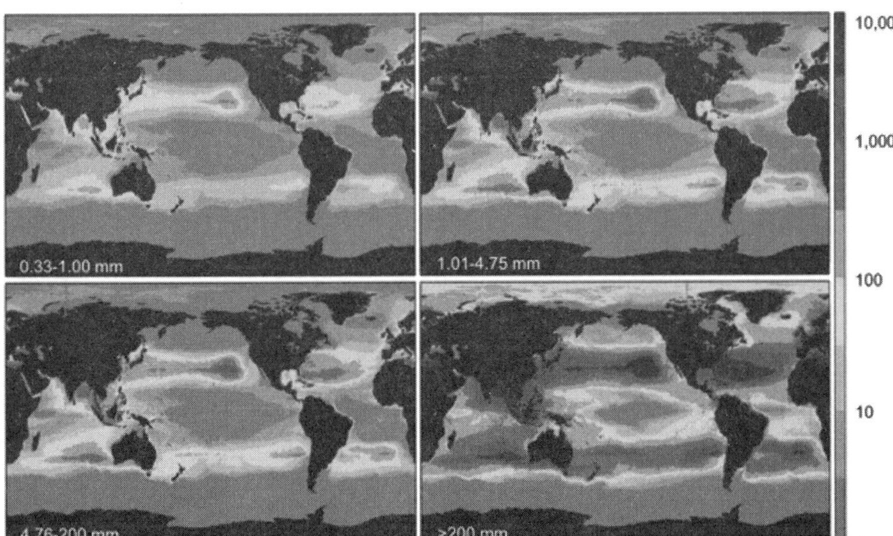

그림 27-2 4가지 크기의 미세 플라스틱의 해양 내 분포(Erikson *et al*, PLOS ONE, 2014)

고분자의 재활용

비분해성 플라스틱은 탁월한 성능과 다양한 물성으로 양적인 수요가 우리가 통제하거나 가늠할 수 없는 상태에 이르고 있으므로 재활용 및 생물학적 환경 노출시 분해 거동 연구가 선행되어야 한다.

이와 함께 이들 폐기물을 에너지원으로서 산업현장에 재활용하는 연구도 적극적으로 진행되어야 한다. 그림 27-3은 비분해성 플라스틱의 재활용 경로에 대한 설명이다.

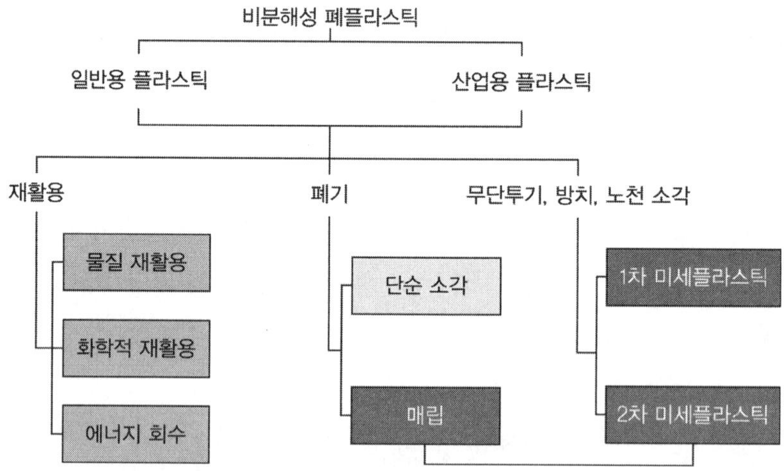

그림 27-3 비분해성 플라스틱의 life cycle

첨가제의 종류

고분자 첨가제는 우선 사용하는 고분자와의 상용성이 좋아야 하고 고분자의 다른 특성이나 외관, 기능을 저하시키지 않으면서도 단점을 보완할 수 있어야 하며 사용하는 목적에 부합하는 효과가 있어야 한다. 이와 함께 사용 시 독성이 없어야 하며 플라스틱의 가공 온도를 견딜 수 있어야 한다.

첨가제는 표 27-1과 같이 크게 개질제, 물성향상제, 프로세싱 보조제로 나누어지고 각 항목에 따라 대략 10가지의 종류로 다시 세분화할 수 있다.

표 27-1 첨가제의 종류

대분류	소분류
개질제	가소제
	충격보강제
	가교제
물성향상제	산화방지제
	안정제

	조핵제
	대전방지제
	난연제
프로세싱 보조제	윤활제
	발포제

가소제

유리 전이 온도가 높은 고분자로부터 제조된 다수의 플라스틱이 단단하며 깨지기 쉬운 단점을 가지고 있으므로 가소제(plasticizer)를 첨가하여 이를 개선한다. 가소제는 고분자 주쇄 사이에 침투해서 분자 간 인력의 크기를 감소시켜 고분자의 유리 전이 온도를 낮추는 효과를 보이며, 유연성이나 가공성을 향상시켜서 가공을 용이하게 해준다.

가소제는 1차 가소제, 2차 가소제로 분류할 수 있는데 1차 가소제는 고분자 화합물과의 상용성이 뛰어나기 때문에 단독으로 사용할 수 있으며, 2차 가소제는 1차 가소제만큼 상용성이 뛰어나지는 않지만 다른 첨가제와 혼합해서 사용할 때 효과가 훨씬 증대한다.

가소제의 85% 이상이 PVC용으로 사용되어 가장 큰 비중을 보이고 있다. PVC에 사용되는 가소제의 종류는 크게 프탈레이트계(그림 27-4)와 비프탈레이트계로 구분된다. 프탈레이트계는 BBP(butylbenzyl phthalate), DEHP(bis(2-ethylhexyl) phthalate), DBP(dibutyl phthalate), DINP(diisononyl phthalate), DIDP(diisodecyl phthalate), DNOP(di-n-octyl phthalate) 등이 일반적으로 사용된다. DINP가 1차 가소제이며, DIDP, DBP 등은 2차 가소제로 분류된다. 프탈레이트계 가소제는 비프탈레이트계 가소제에 비해서 상용성, 물성, 가공성 등은 우수하지만 유해성 때문에 많은 나라에서 사용을 규제하고 있다. 비프탈레이트계 가소제로는 지방산계, 폴리에스터계, 에폭시계 등이 사용된다.

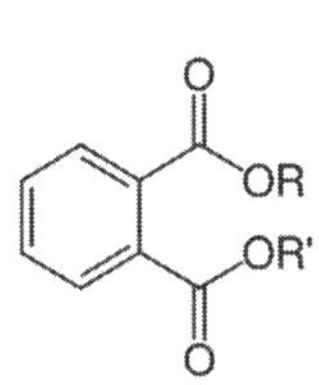

그림 27-4 프탈레이트 화합물

충격보강제

충격보강제는 충격 강도(impact strength)를 증가시켜 기존에 플라스틱 화합물의 잘 깨지는 단점을 보완하는 데 사용된다. 대부분 PVC 충격 보강 용도로 많이 사용되고 있으며, 충격보강제로 사용되는 물질은 ABS[poly(acrylonitrile-co-butadiene-co-styrene)], MBS[poly(methacrylate-co-butadiene-co-styrene)], acrylic 고분자 계열이나, CPE(chloropolyethylene), CVA[poly(ethylene-co-vinyl acetate)] 등이 있다.

가교제

가교제는 고분자 주쇄 간의 물리적 혹은 화학적 가교 반응을 유도, 촉진하는 물질로, 가교의 정도에 따라서 고분자의 물성이 변화하게 된다. 천연 가교제와 합성 가교제로 구분하며, 천연 가교제로는 효소, 천연 추출물, 덴드리머, 블록 공중합체, 실리카, 알부민 가교제 등이 있다. 합성 가교제로는 다이알데하이드나 카보다이이미드, 폴리아크릴산 가교제 등이 있다.

산화방지제

공기 중의 산소나 열이 나 기계적 전단력, 빛 등에 의해서 생기게 되는 자유 라디칼의 발생을 억제 및 고분자의 산화를 억제하기 위해 사용하는 첨가제를 산화방지제라고 한다. 산화방지제는, 크게 페놀계, 아민계, 유황계, 인계로 나뉜다. 산화방지제도 크게 1차 산화방지제와 2차 산화방지제로 구분되며 1차 산화방지제는 고분자 내에 생성되는 라디칼을 찾아내어 반응해서 안정화시키는 작용을 하고 2차 산화방지제는 hydroperoxide가 다른 라디칼로 확산되지 않도록 막아주는 작용을 한다. 페놀계와 아민계는 1차 산화방지제이고 유황계와 인계는 2차 산화방지제로 분류된다.

안정제

안정제는 고분자 제품이 빛이나 열 혹은 다른 요인에 의해 분해되지 않게 하여 제품의 수명주기를 높여 주는 첨가제이다. 고분자 제품은 열에 의해 가공이나 성형되는 경우가 많기 때문에 열 안정제는 필수적인데 열 안정성이 크게 떨어지는 PVC와 같은 범용 플라스틱에 주로 사용된다. 열 안정제는 크게 납, 칼슘, 주석, 액상 융합 금속 안정제로 나뉜다.

광 안정제 역시 고분자 제품 가공 시 빛에 의해 생기는 분해를 억제해주는 역할을 하는 첨가제이다. 빛에 의해 생기는 분해나 손상들을 제거하기 위해서는 자외선 흡수제나 라디칼 포착제의 일종인 HALS(hindered amine light stabilizers)를 사용한다. 또한 중금속 불활성제는 자동 산화를 가속시키는 중금속을 찾아내어 제거하는데, 고분자를 중합할 때 사용하는 중금속 중합 촉매로부터 비롯된 산화 열화가 일어나지 않도록, 산성 물질을 찾아서 금속 이온을 킬레이트(chelate)해서 안정화시킨다.

조핵제

결정성 고분자 제품들은 결정화 거동에 따라 다양한 특성들이 발현되기 때문에 결정화 거동을 조절할 수 있는 성형 가공 조건이나 첨가제인 조핵제의 역할이 매우 중요하다. 조핵제는 결정화 속도를 촉진시키고 투명성을 향상하며, 기계적 응력을 균일하게 분배하는 등 기계적 물성을 향상시키기 위해서 사용하는 첨가제이다. 크게 고분자가 결정화를 진행할 때 그 자체가 결정화되는 것과 결정 시작 온도 부근에서 고분자의 열운동을 부분적으로만 억제해 고분자의 결정화 거동을 도와주는 화합물의 두 가지로 분류할 수 있다. 조핵제는 방향족 carbon산의 금속염이 효과적이며 주로 PP, PET, PA, PLA 등에서 많이 사용된다. 가공 사이클 시간이 줄어들어 대량생산을 가능하게 하고, 이에 따라 비용을 절감하는 장점도 있다.

대전방지제

고분자 물질들은 일반적으로 전기전도도가 낮다. 따라서 한번 정전기가 한번 대전

되면 그 자체로 잘 사라지지 않아 생산 공정상에서 불량률을 높아지고, 화재나 감전의 원인이 되기 때문에 이를 방지하기 위해 대전방지제를 넣어준다. 대전방지제는 주로 계면활성제나 금속 산화물 위주로 사용하며 저분자형 대전방지제와 고분자형 대전방지제로 나뉜다.

저분자형 대전방지제는 수지에 넣었을 때 표면으로 이동함으로써 대전 방지 효과를 나타낸다. 고분자형 대전방지제의 경우에는 가공성형할 때 수지 중에서 분산 고정화되면서 전하를 수지 내부에서 이동시켜서 정전기 발생을 억제한다. 저분자형이 저렴하고 다양한 종류와 생분해성 등의 장점이 있어 많이 사용되고 있다. 그러나 수분의 의존성이 너무 높고 표면이 세척되면 대전방지제의 효과가 감소할 수 있으며 성형 직후에는 효과를 낼 수 없다. 따라서 이를 보완하기 위한 고분자형 대전방지제의 연구 및 상용화가 진행 중이다.

난연제

폴리올레핀을 비롯한 대부분의 고분자는 높은 가연성을 띠는 경우가 많기 때문에 불이 잘 붙지 않는 내염 특성을 가지는 난연제를 사용하게 된다. 크게 첨가형 난연제와 반응형 난연제 두 가지로 구분된다. 첨가형은 난연제를 첨가해서 난연성을 향상시키고 반응형은 화학 반응을 통해 난연성을 개선한다. 난연제의 종류는 크게 할로젠(halogen)계, 무기계, 인(phosphorus)계, 멜라민(melamin)계로 나뉜다.

할로젠계 난연제는 다시 브로민(Br)계와 염소(Cl)계로 나뉘는데, 대부분은 브로민계 난연제이다. 할로젠계 난연제는 활성화된 H나 OH가 할로젠 라디칼에 의하여 트랩되어 안정화되는 방법으로 작용한다.

무기계 난연제는 산화 알루미늄(Al2O3), 수산화 마그네슘[$Mg(OH)_2$] 등을 사용한다. 가격이 싸고 전기절연성도 우수하여 전자제품이나 자동차 등의 난연 충진제로 많이 사용되고 있다. 탈수 반응에 의한 흡열이 일어나면서 연소를 지연을 저지하는 메커니즘으로 작용한다.

인계 난연제는 무기계나 유기계로 나누어지는데 무기계로는 대표적으로 적린(red phosphorus)이 있다. 적린은 응축할 때 분해를 방해하며 탄화율을 높이는 방식으로 난연 작용을 한다. 유기계로는 대표적으로 할로알킬포스페이트(haloalkylphosphate)가 있다. 이 물질은 열분해할 때 인산을 생성하는데, 이 인산층이 보호층을 형성하면서 난연 작용을 한다. 또 인산은 탈수 작용으로 숯(char) 층을 생성하며, 이에 의해서도 연소를 방해한다.

멜라민계는 할로젠계보다 독성이 약하고 취급이 쉽지만 일부분을 제외하면 아직 연구 중이라 상용화되지는 않았다.

윤활제

윤활제는 가공, 성형과정에서 플라스틱에 접촉하게 되는 금속 표면을 좀 더 윤활하게 하여 유동을 용이하게 한다. 이를 통해 기계적 손상이나 마모 등을 줄여주어 성형 가공성을 좋게 해주는 첨가제이다. 또 윤활제를 사용하게 되면 가공 온도도 낮아지고 시간 역시 짧아져서 품질이 좋아진다. 주로 액체 윤활유나 반고체인 그리스(grease)가 많이 사용된다.

첨가제의 위해성

플라스틱을 사용하는 과정에 있어 의도하지 않게 플라스틱의 첨가제가 새어 나온다면 몸에 해로운 영향을 주기도 하고 음식의 맛을 변질시키거나 약의 효능을 저감시키기도 한다. 플라스틱 첨가제 중 비스페놀 A, 파라벤, 카드뮴, 다이옥신, 프탈레이트, 브로민화 난연제 등은 내분비계 교란물질(환경호르몬)으로 알려져 있다. 그중 프탈레이트는 플라스틱을 부드럽게 해주는 가소제로 많이 사용되는데 화장품, 장난감 및 도료, 안료, 세제, 접착제 등에 광범위하게 사용되고 있고 프탈레이트계 가소제는 발암성과 변이 독성, 재생 독성이 있어 특별 관리대상 물질로 지정되었다.

찾아보기

ㅅ

ㅇ

ㅈ

F

G

H

I

L

M

N

P

저자 소개

윤진산
서울대학교 화학공학과 졸업
프랑스 Compiegne 대학교 화학공학과 박사
전) 한국고분자학회 26대 회장
현) 인하대학교 고분자공학과 명예교수

진인주
서울대학교 화학공학과 졸업
한국과학원 화학 및 화학공학과 석사
Messachusetts Institute of Technology 재료공학과 박사
전) 인하공업전문대학 9대 총장
현) 인하대학교 고분자공학과 명예교수

권용구
서울대학교 섬유공학과 졸업
서울대학교 섬유공학과 석사
Case Western Reserve University 고분자공학 박사
현) 한국고분자학회 42대 회장
현) 인하대학교 고분자공학과 교수

생활 속의 고분자

저　자　윤진산 · 진인주 · 권용구
발 행 인　김지영
발 행 처　자유아카데미
주　소　경기도 파주시 회동길 37-42
파주출판도시
전　화　031-955-1321
팩　스　031-955-1322
홈페이지　www.freeaca.com
전자우편　main@freeaca.com (대표)
editor@freeaca.com (편집)
crm@freeaca.com (영업)
등　록　제406-2003-017호, 1980. 7. 12
제1판1쇄　2025년 8월 29일 발행

저자와의 협의하에 인지생략

ISBN 979-11-5808-748-7　93430